河北省自然科学基金
华北理工大学学术著作出版基金　资助出版

动态开挖扰动下采空区围岩稳定性分析与监测

卢宏建　李示波　李占金　著

北　京

冶金工业出版社

2017

内 容 提 要

本书以典型铁矿山原型为工程背景，运用应力、应变与声发射监测技术手段，通过大尺度二维物理相似模拟试验，揭示动态扰动下硬岩矿柱破裂失稳演化特征与破裂失稳机制；结合矿山采空区群特征，建立了声发射在线实时监测体系，构建了岩石声发射及其他振动波形库，总结了矿山岩石破坏过程的声发射特征，制定了完善的预报预警制度。

本书注重理论和工程实践相结合，可供与金属矿山相关的工程技术人员阅读，也可供有关院校矿业类师生参考。

图书在版编目（CIP）数据

动态开挖扰动下采空区围岩稳定性分析与监测/卢宏建，李示波，李占金著 . —北京：冶金工业出版社，2017.6
ISBN 978-7-5024-7509-3

Ⅰ. ①动…　Ⅱ. ①卢…　②李…　③李…　Ⅲ. ①采空区—围岩稳定性—分析　②采空区—围岩稳定性—监测　Ⅳ. ①TD325

中国版本图书馆 CIP 数据核字（2017）第 090342 号

出 版 人　谭学余
地　　址　北京市东城区嵩祝院北巷 39 号　邮编　100009　电话　(010)64027926
网　　址　www.cnmip.com.cn　电子信箱　yjcbs@cnmip.com.cn
责任编辑　赵亚敏　美术编辑　吕欣童　版式设计　孙跃红
责任校对　郑　娟　责任印制　牛晓波
ISBN 978-7-5024-7509-3
冶金工业出版社出版发行；各地新华书店经销；固安华明印业有限公司印刷
2017 年 6 月第 1 版，2017 年 6 月第 1 次印刷
169mm×239mm；10 印张；201 千字；148 页
44.00 元
冶金工业出版社　投稿电话　(010)64027932　投稿信箱　tougao@cnmip.com.cn
冶金工业出版社营销中心　电话　(010)64044283　传真　(010)64027893
冶金书店　地址　北京市东四西大街 46 号(100010)　电话　(010)65289081(兼传真)
冶金工业出版社天猫旗舰店　yjgycbs.tmall.com
（本书如有印装质量问题，本社营销中心负责退换）

前　言

铁矿床采空区是指铁矿回采过程中未及时处理，累积形成的结构复杂的巨大开挖空间。我国是铁矿资源大国，经过多年开采，特别是20世纪80年代以来，在全国各地形成诸多规模不等、范围不一的地下采空区，导致我国成为目前采空区诱发矿山灾害的多发国家。据不完全统计，我国因采矿引起的地表塌陷面积达1150km²，发生采矿塌陷灾害的矿产资源型城市有30多个，每年因采矿地面塌陷造成的损失达4亿元以上。采空区围岩破裂灾变是引发矿山灾害的根本原因，因此矿山资源开采过程中的采空区围岩破裂失稳监测预警是防灾减灾的关键，成为国内外研究的重点。

采空区围岩稳定性研究的主要方法有理论分析、相似模拟试验、数值模拟计算和现场监测等4种，集中于某个状态下的采空区稳定性与单层采场开挖下采空区围岩的稳定性分析。关于多层采场开挖影响下的采空区围岩的动态失稳过程研究，煤矿研究较多，而对金属矿山动态扰动下采空区围岩失稳过程研究尚处于完善阶段。本书以典型铁矿山采空区为工程背景，综合采用理论分析、物理力学试验，数值模拟、物理相似模拟等手段，对铁矿床动态开挖相似物理模型试验的设计、采空区围岩运动结构特征、采空区失稳破坏前兆信息以及采空区围岩破裂失稳机理进行了系统研究。

全书内容分为6章。第1章：对采空区与采空区群的定义及其分类，采空区围岩稳定性分析、数值分析、相似试验，采空区围岩稳定性监测预警方法进行了文献综述。第2章：在分析了典型矿山采空区现状的基础上，选择代表区域现场取样，通过室内力学试验对矿岩的力学特性和声发射特征进行了研究。第3章：以实例矿山典型矿段为物理原型，基于相似理论原理，确定了相似模拟试验相似比与采场模拟参数。系统介绍了物理相似模拟试验加载与测试系统后，运用岩石破裂过程分析和有限元数值分析软件，对声发射、应力应变测点进行了分析。第 4 章：在确定相似材料的基础上，通过力学试验得出了相似材料配比与力学指标关系方程，依据相似比确定了相似材料的配比。通过矿岩相似材料的声发射特征试验，给出了物理相似模拟试验声发射监测适宜参数。系统介绍了相似试验的模型制作，监测设备安装与调试，试验实施与监测相关事宜。第 5 章：基于物理相似模拟试验应力应变与声发射数据，分析了不同矿房开挖过程中采空区围岩应力应变与声发射动态演化规律和岩层弱化过程中采空区围岩破裂失稳的应力应变与声发射特征，构建了动态扰动下采空区围岩破裂失稳模式，提出了预报预警方法。第 6 章：根据室内力学试验和物理相似模拟试验结论，提出了实例矿山的采空区声发射监测方案制定的思路和流程。基于现场监测数据，构建了岩石声发射及其他振动波形库，总结了矿山岩石破坏过程的声发射特征。通过波形分析及时掌握了采空区围岩地压活动的声发射信息变化规律，制定了预报预警制度。

　　本书由华北理工大学卢宏建、李示波和李占金撰写完成。全书内容主要由河北省自然科学基金项目（编号：E2014209093）和采空区相关科研项目研究成果组成，在此对给予项目支持的河北省自然科学基金委和相关科研支撑单位表示衷心感谢。本书也得到了华北理工大学学术著作出版基金资助，在此表示感谢。

　　本书在有关资料整理、录入、排版过程中得到了华北理工大学矿业工程学院梁鹏、张松林、蔡晓盛同学的帮助，感谢他们的辛勤劳动。在本书的撰写过程中，参考了有关国内外的文献资料，在此向文献资料原著作者表示衷心的感谢。

　　限于作者的学识和水平，书中难免有疏漏和不妥之处，诚请同行专家和广大读者批评指正。

作　者

2016 年 12 月 16 日

目　　录

1 绪 论

我国矿产资源的绝大部分来源于地下开采，随着社会经济建设的发展、对矿物资源需求的大幅增长，迫使我国大幅度提高矿山开采强度。我国 62.5% 的冶金矿山、89% 的有色金属矿山和近乎全部的黄金矿山为地下开采，其中采用空场采矿法的比重约占 53.5%，滞留了大量采空区。2009 年，25 个省市金属、非金属矿山统计数据显示，独立采空区达 8892 个，总体积约 4.32 亿立方米。至 2015 年，全国金属非金属地下矿山采空区总体积达 12.8 亿立方米，导致我国成为采空区诱发地压灾害的多发国家。采空区的地压灾害主要表现为以下两方面：一是空区矿柱的变形破坏、顶板的大面积冒落以及岩层移动等会造成地表的沉陷、开裂甚至塌陷，这会破坏地表环境，危害更大的是空区突然垮塌所产生的高速气浪和冲击波，它们会造成人员伤亡和设备损坏；二是矿山开采过程中的开采扰动会导致采空区围岩裂隙发育，甚至贯通地表或连通老窿积水，极易发生突水事故，淹没巷道及工作面，造成巨大的经济损失。如，1961 年 10 月，大同矿务局挖金湾矿，采空区发生冒顶，诱发大规模地面塌陷，造成 18 人死亡，矿井的通风、运输系统均遭破坏，全井被迫停产；1980 年 6 月，湖北远安磷矿，由于采空区塌陷，诱发了大规模的山体崩塌；2001 年 7 月，广西南丹拉甲坡矿由于采空区围岩贯通，发生特大透水事故，造成重大人员伤亡；2005 至 2006 年，昭通某铅锌矿采空区引起地表塌陷，造成了巨大的经济损失；2005 年 11 月，河北某石膏矿发生采空区上覆岩层坍塌，造成重大人员伤亡，给当地环境造成巨大影响；2005 年 12 月 26 日，安阳县都里铁矿采空区突然引发大面积地表塌陷，造成 8 人坠落、3 人失踪；2006 年 6 月 18 日，包头市聚龙矿业公司采空区塌陷造成 1 人遇难，6 人失踪；2008 年 4 月 16 日，山西忻州市平型关铁矿由于地下采空区顶部矿柱及回填料塌陷，导致地面材料库房陷落，造成 3 人下落不明。2011 年 8 月 15 日上午，湖北黄石阳新县铜矿采空区发生塌陷，塌陷面积 60 多平方米，深度约 13 米，采空区塌陷导致居民住房倒塌。随着矿山采空区安全事故的愈发严重，对采空区的分析治理受到了国家安全部门的高度重视。国务院安委会办公室下发了《金属非金属地下矿山采空区事故隐患治理工作方案》（2016 第 5 号文件），要求加强安全生产工作，坚决遏制采空区引发的重特大事故。诱发采空区安全事故的根本原因是采空区围岩的破裂灾变，因此矿山资源开采过程中的采空区围岩破裂失稳监测预警是防灾减灾的关键，成为研究的焦点。

1.1 采空区基本概念

1.1.1 采空区定义和特征

"采空区"是矿山开采的专业术语，煤炭开采中也称"老塘"、"老窿"，金属矿山开采中称为"空区"、"空场"，外文资料中称为"goaf"、"gob"、"waste"、"abandoned mine"，"stoped-out area"，冶金学名词审定委员会于 2001 年发布的《冶金学名词》，在"冶金学—采矿—矿山测量"中规定了"采空区处理"的英文对照名词为"stoped-out area handling"，但未对采空区进行定义和解释。《中国百科大辞典》中，解释"采空区"是由于采矿工作而遗留下来的各种形状和大小的空间。《矿山安全术语》(GB/T 15259—94) 标准中规定"采空区"是井下采矿（煤）后所废弃的空间。而《矿山安全术语》(GB/T 15259—2008) 中，更改了这一说法，定义"采空区"为采矿以后不再维护的地下和地面空间。

金属矿采矿学中，没有权威著作明确解释过"采空区"的定义，转而更深入研究和解释的是"地压"的概念。实际上，在金属矿山开采中"地压"与"采空区"是不可分割的。比如，"采空区处理"也经常被称为是"地压管理"。采矿工程之所以重视"采空区"，根本原因在于它是"地压"灾害的始作俑者。"地压"在冶金行业英文为"ground pressure"（冶金学名词审定委员会，2001年），石油行业英文为"geopressure"（石油名词审定委员会，1995 年），煤炭行业英文为"rock pressure"（煤炭科技名词审定委员会，1997 年）。《矿山安全术语》(GB/T 15259—2008) 中，修改为"地下采掘活动在井巷、硐室及采矿工作面周围矿（岩）体和人工支护物上引起的力"。《采矿手册》第四卷第 23 章中对于"地压"的定义更广泛被金属矿山行业的研究者所接受，"采场地压"是指回采工作面的矿体、围岩和矿柱的应力及其与采场内支护系统相互作用的应力场的总称。"地压"，从字面理解即"地层的压力"，是时刻存在于岩石体中的。如果对采场进行尾砂胶结充填并接顶后，消除了采矿后的采场空间，可以有效控制地压灾害，则不再是"采空区"。如果采用废石充填，接顶效果不理想，充填体不能有效支撑顶板，采空区依然存在，"地压活动"会依然发展。如果采空区顶板覆岩彻底崩落，与地表贯通，地压灾害解除，则不再是"采空区"。如果对采空区采用"开天窗"的方式消除冲击性灾害，大面积覆岩垮落的地压活动在"可控"状态下发展，则"采空区"依然存在。可见"诱发矿山灾害"是采空区在矿山生产中受到重视的根本原因。

无论煤矿还是非煤矿，对于"采空区"的理解大致相同，但也存在各种细微的差别。相同的是，"采空区"均指采掘活动后产生的空间。不同的是，煤矿定义的"采空区"侧重于废弃的、不再维护的空间，即"弃掉的"才是采空区。而金属矿山定义的"采空区"则侧重于矿石采出后剩余的空间体积，即"开挖的"就是采空区。

对于生产矿井的"采空区"具备以下四个特征:

(1) 因采矿活动而产生。

(2) 可能诱发矿井灾害。

(3) 回采矿体后的空间。

(4) 随采矿作业而变化。

因此,"采空区"概念应归纳为:采矿活动中随矿石开采后留下的可能诱发矿山灾害的空间。包括两个层次:对于生产中的矿山,"采空区"就是"未被崩落或未充填的采场";对于废弃的矿山,"采空区"就是"地下所有井巷工程和采场"。

1.1.2 采空区群的定义和特征

采空区不是单独存在的,多数矿山都留有大小不等的采空区。在空间上密集分布、相互影响、共同作用于顶板覆岩,形成相对独立群落的若干个采空区称为"采空区群"。采空区群具有以下特点:

(1) 采空区群是一个动态的系统。该区域内每一个采空区都是该系统中的有机组成部分,相互影响。单个采空区的稳定性并不能决定整个系统的稳定性,系统的稳定与否取决于各个采空区之间的相对稳定状态。每一个采空区在形成时,经历了矿区凿岩、爆破以及地应力、构造应力的作用,表面岩石不断剥落,与周围采空区发生作用,采空区群系统的空间状态、稳定性都处于动态变化之中,调查和掌握采空区群系统的状况十分困难。

(2) 采空区群区域内岩石应力状态复杂。每一个采空区在形成过程中都会打破原有的力学平衡,使周围的岩石产生损伤,应力重新分布。经过多次应力重分布,围岩的应力状态变得极其复杂,并且,围岩中的节理和裂隙在开采过程中不断发育,逐渐成为岩层变形与移动的控制因素。实际生产中,开采往往是连续进行的,新采空区形成时,前一个采空区造成的应力重分布并没有完成,围岩的应力状态往往更加复杂。

(3) 采空区群对围岩的影响范围和程度往往更加广深。在群区域内,由于采空区在空间上距离较近,开采经常在上一采空区形成时造成的损伤岩石环境中进行,此时开采对围岩的扰动势必会变大。实际上,采空区群整体对围岩扰动的程度和范围远远大于单个采空区扰动影响范围的简单相加。

1.1.3 采空区的类别与特点

1.1.3.1 按采矿方法分类

采矿方法是采准、切割在时间上与空间上所进行的顺序以及它与回采工作进行有机的合理的配合工作。目前普遍认同的采矿方法，是按照"采空区"的处理方法不同分为三大类的，即：空场采矿法、充填采矿法及崩落采矿法。

（1）空场法回采形成采空区。采用空场法开采的采空区特点是围岩稳固性好，采空区体积大，顶板暴露面积大，采空区贯通性强，易于观测。空场法采空区需要控制顶板暴露面积、体积、暴露时间与空区崩落时间、深度的关系，合理安排空区处理时间和措施，避免突然大规模冒落所造成的危害。采用空场法回采形成的采空区特点是采空区体积小，形态狭长，围岩有一定的稳定性，暴露时间长，空区形态易于观测。

（2）充填法处理采空区。充填采矿法（简称充填法）是在回采的过程中用充填料处理采空区的一种采矿方法。充填采空区与充填采矿法是有区别的。前者是采后一次充填，充填效率高，而充填采矿法是边采边充，采一层后充填一层。因而在工艺和充填质量上也不同。一次充填采空区的质量较差。

应用充填法采矿的矿山，在矿房开挖过程中形成单体小采空区，并用充填料消除了采空区。如果充填料接顶不好，仍会残留一部分采空区，尤其是采用干式充填的矿山，会残留较大体积的采空区。

（3）崩落法处理采空区。崩落采矿法以崩落围岩来实现地压管理，是消除采空区的一种方法。崩落法采矿过程中，由于围岩滞后崩落形成采空区，滞后崩落的空区体积变化大小难以观测。由于顶板滞后冒落，采空区顶板面积达到一定规模后，会发生大规模突然冒落，并产生气浪冲击。必须通过合理设置垫层厚度，承受突然大冒落的气浪冲击。

综上，空场法是形成采空区的主要方法，充填采矿法和崩落采矿法均应视为消除了采空区的采矿方法。

1.1.3.2 按含水状态分类

（1）充水采空区。废弃的采空区失去排水条件被后期的地下水或地表水充满，就形成了充水采空区。如果后期的地下采掘工程触及到这种充水采空区的边界，采空区内积水将以突然溃入的方式涌入井下，造成一些突发性的水害事故。此外，充水采空区在长期地下水的浸泡下，围压强度变差，垮塌的风险增大。

（2）不充水采空区。在地下水位线以上，具备排水能力的采空区，不会发生积水或仅有少量积水，为不充水采空区。

1.1.3.3 按采空区形成时间分类

这种对采空区时间性的划分方法，主要是地质勘察和城市规划部门，关注于采空区造成的地表沉降对建筑物的影响而提出的。在矿山生产中，也采用各开采水平的地表移动界限和终了移动界限来圈定不同阶段采空区对地表的影响范围。实际上，在矿山采空区管理中，对于采空区形成时的关注，更主要在于采空区与现有生产系统的关联程度和采空区资料的掌握程度。

（1）老采空区。老采空区是指已经完成回采计划后未进行处理的采空区，煤矿也称"老窿"或"老窑"。历史采矿遗迹，废弃的民采、盗采矿井，已经无据可查、无料可考的采空区，已经闭坑的矿井也属于老采空区。老采空区的最主要特点是与现有生产系统的关联度极小。资料少、形态不清、状况不明、边界难寻，是大多数矿山治理老采空区灾害面临的问题，治理难度最大。当工程地质调查不能查明老采空区的特征时，应进行物探和钻探。老采空区中积水后会成为附近区域开拓工程的危险源，威胁井下生产，被称为"老窿水"或"老窑水"。

（2）现采空区。现采空区是指地下正在开采或正在嗣后处理的采空区。矿山生产进行地压管理的重点是现采空区，一方面是要选择合理的矿房矿柱尺寸，严格控制采空区的暴露面积和暴露时间。另一方面是要及时处理采空区，以此保证回采工作的顺利进行。

（3）未来采空区。未来采空区是指目前尚未开采，而后续采矿生产中逐渐形成的采空区。对于未来采空区，最关注的问题是开采影响的问题。一方面，是岩层移动对现有采矿工程的影响，合理规划回收保安矿柱。另一方面，是地表建筑物安全界限的问题，应通过计算预测地表移动和变形的特征值，提前对受影响的建构筑物采取措施。

1.1.3.4 按采空区形态分类

（1）房状采空区。空场法回采缓倾斜矿体形成的采空区，其结构特点是采空区的上下为顶、底板，空区四周由连续的条带矿柱围成，使空区呈房状。空场法回采急倾斜矿体后形成的采空区，其结构特点是采空区的上下为顶底柱，四壁为间柱和上、下盘。房状采空区在开采初期，形态较规整，有矿柱相隔，顶底板稳定性好，在进一步回采后，矿柱连续性遭到破坏，房柱式大片空区连通，往往造成大面积地压灾害。

（2）矿体原形状空区。小规模矿体回采后形成的空区多为原状空区，当矿柱回采完毕后，空区的形状与矿体形状大致相同。

1.1.3.5 按地表联通形式分类

（1）明采空区。由于顶板岩层塌陷或人为在采空区顶板开"天窗"，使地表与采空区贯通的，为明采空区。

（2）盲采空区。不与地表贯通的采空区为盲空区。大面积盲空区突然冒落时，会形成空气冲击波，破坏力极强。

1.2 采空区围岩稳定性理论分析

1.2.1 矿柱稳定性理论

国内许多学者引入尖点突变理论对矿柱稳定性进行分析，建立了矿柱失稳突变模型，并进行了矿柱失稳机理的深入研究，王连国等基于定态曲面方程和分支曲线方程, 采用突变理论建立了矿柱失稳尖点突变模型, 分别求得矿柱应力强度比 Fq 和临界破坏宽度 rp1。研究表明: 当 Fq > 1 或 rpz（矿柱破坏宽度）> rp1 时, 矿柱会发生失稳; 当 Fq < 1 或 rpz < rp1 时, 矿柱不会发生失稳。朱湘平等从能量原理及断裂力学的角度出发, 研究了脆性岩体中轴向劈裂引起的矿柱稳定性问题。刘沐宇等应用断裂力学理论讨论硬岩矿柱初始裂纹在上覆岩层作用下贯通形成层状结构的机理, 指出裂纹间相互作用引起裂纹的失稳扩展, 从而相互连接形成层状结构。张晓君认为矿柱的稳定性取决于两个基本方面: 一是上、下盘围岩施加在矿柱上的总载荷, 即矿柱所承担的地压, 以及在该载荷作用下矿柱内部的应力分布状况; 二是矿柱具有的极限承载能力。其给出的矿柱上总荷载公式:

$$\sigma_{av} = (a_m + a_p)\sigma_v/a_p \tag{1-1}$$

式中　σ_{av}——矿柱平均应力, MPa;

　　　a_m——矿房开采面积, m²;

　　　a_p——矿柱横断面积, m²;

　　　σ_v——垂直应力, MPa。

垂直应力 $\sigma_v = k_1\gamma H$, k_1 为不确定性因子, 是垂直应力与上覆岩层重力之间的关系系数; γH 为上覆岩层重力。矿柱具有的极限承载可以采用实验统计值或摩尔—库仑公式计算。节理和裂隙是影响岩体强度的主要因素, 对于矿柱来说, 矿柱的被软化程度和爆破破坏程度也是重要因素, 因此采用如下改进公式:

$$S = 2K_2C\cos\varphi/(1 - \sin\varphi) \tag{1-2}$$

式中　S——矿柱抗压强度, MPa;

　　　K_2——不确定性因子, 是影响矿柱强度的因素系数;

　　　C——矿柱内聚力, MPa;

　　　φ——矿柱内摩擦角。

根据上述公式, 可推导出空区顶板冒落的极限状态方程:

$$Z = \frac{2K_2C\cos\varphi}{1 - \sin\varphi} - \frac{(a_m + a_p)\gamma H}{a_p} = 0 \tag{1-3}$$

1.2.2　顶板稳定性理论

采空区顶板作为采空区相对薄弱的部分, 在空区跨度、高度、承载状况发生变化时, 都可能发生坍塌, 导致上下相邻空区相互贯通, 改变原有空区结构, 诱发地应力改变, 形成局部应力集中和岩体破坏, 进而导致更大范围的空区贯通和失稳。因此, 分析不同尺寸采空区的顶板安全厚度对评价已有采空区（群）的稳定性有着重要的意义。对于采空区顶板安全厚度的确定, 众多矿山采用经验类比法, 当然也有不少研究者通过基于数学与力学理论建立了相应的方法, 对科学确定空区顶板厚度和评价空区顶板稳定提供了依据。主要方法有应用结构力学方法，鲁佩涅依特理论计算法，荷载传递交汇线法，厚跨比法，普氏拱法，长宽比梁板法。

(1) 应用结构力学方法。应用结构力学对空区顶板稳定性分析研究中，假定空区顶板是结构力学中两端固定的梁，计算时将其简化为平面弹性力学问题，将顶柱受力认为是两端固定的厚梁，依此力学模型，可得到顶板厚梁内的弯矩与应力大小。计算得出：

$$\sigma_{许} \leqslant \frac{\sigma_{极}}{nK_c} \tag{1-4}$$

式中　$\sigma_{许}$——顶板允许的拉应力，MPa；

　　　$\sigma_{极}$——顶板的极限抗拉强度，MPa；

　　　n——安全系数；

　　　K_c——结构削弱系数。

采用该法，可以对空区顶板的安全厚度进行计算。

(2) 鲁佩涅依特理论计算法。前苏联科学技术博士鲁佩涅持和利别尔马恩在普氏破裂拱理论基础上，根据力的独立作用原理，考虑露天开采采空区上部岩体自重和露天设备重量作用应力对岩石的影响，并且在理论分析计算中假定：1）空区长度大大超过其宽度；2）空区的数量无限多，不计边界跨度影响。在此前提下，将复杂的三维厚板计算问题简化为理想的弹性平面问题，然后建立力学模型，对此进行分析与研究，确定顶板的安全厚度。

(3) 荷载传递交汇线法。此法假定载荷由顶板中心按竖直线成 30°~35° 扩散角向下传递，当传递线位于顶与洞壁的交点以外时，即认为溶洞壁直接支承顶板上的外载荷与岩石自重，顶板是安全的。使用该法，得到不同采空区跨度与其顶板的安全隔离层厚度的关系。

(4) 厚跨比法。该法内容为：顶板的厚度 H 与其跨越采空区的宽度 W 之比 $H/W \geqslant 0.5$ 时，则认为顶板是安全的。

(5) 普氏拱法。根据普氏地压理论，认为在巷道或采空区形成后，其顶板将形成抛物线形的拱带，空区上部岩体重量由拱承担。对于坚硬岩层，顶部承受垂直压力，侧帮不受压，形成自然拱；对于较松软岩层，顶部及侧帮有受压现象，形成压力拱；对于松散性地层，采空区侧壁崩落后的滑动面与水平交角等于松散岩石的内摩擦角，形成破裂拱。根据普氏压力拱理论计算得到不同采空区顶板安全隔离层厚度。

1.2.3　采空区稳定性评价理论

采空区稳定性分析是一项复杂的系统工程，由于影响采空区稳定性的因素很多而又十分复杂，且各因素影响的程度也不尽相同，其相互间必存在一定联系。一般来说，地质因素包括覆岩赋存性质、地质构造、松散土厚度及性质、地应力状态、地下水作用、岩层组合等方面；采矿因素包括采厚与采深、采空区面积、开采方法、顶板管理、重复采动、时间过程等方面。作为采空区危险性评判级别的各因素标志及界限又是模糊不清的，难以采用经典数学模型加以分析，而采用模糊数学将会得到很好的解决。

焦家金矿采场空区的稳定基本上受采场顶板结构面的发育程度的控制，所以在进行采场空区顶板稳定性综合评判时，选择了下面四个指标作为判据：

(1) 岩体点荷载强度 I_s。

(2) 控制性结构面组数 N。

(3) 控制性结构面质量指数 I_j：

$$I_j = \Sigma a_j \cdot N_j \tag{1-5}$$

式中　a——各级结构面的权重，对于 Ⅰ、Ⅱ、Ⅲ级结构面，a 值分别为 1、0.5 和 0.25；

　　　N——各级结构面的总数目；

　　　j——结构面的级次。

(4) 结构面的内摩擦角 φ_c。

$$\varphi_c = \Sigma \varphi_j / N \tag{1-6}$$

式中　φ_j——单条结构面的内摩擦角。

对焦家金矿的 18 个采场空区逐个收集、试验和统计数据，然后利用模糊数学评判方法划分其稳定程度。稳定的空区占 27.8%，中等稳定的空区占 22.2%，不稳定的空区占 22.2%，极不稳定的空区占 27.8%。此外还有其他一些评价采场空区稳定性的方法。

在控制论中，常用"黑箱"、"白箱"的概念来描述一个系统的已知信息量的多少。介于"黑箱"与"白箱"之间还存在一种"灰箱"，因此产生了相应的灰色系统理论。同时，地下采场稳定性的研究中，灰色系统理论也得到了应用。

在数学上，灰色系统用灰数、灰方程和灰矩阵来描述，对于一个力学系统内存在的灰数可以采取下述方法进行白化：

(1) 利用对称及转换的概念以增加可识别的变量及分析的自由度，主要技术方法是：

1) 赋予。信息的组合是赋予的方式之一，可以增加系统的可识别的变量。

2) 生成。用适当的方式将原始数据处理，以得到规律性强、随机性弱的数组，称之为灰色方程的生成。

3) 反推。在泛系理论中，一个系统的子系统对该系统有某种确定性及相对局限性，从模拟该系统的模型泛适应性去推导原系统的泛适应性，是一种基于广义对称转化的反推。反推特别适用于力学系统状态的预测。

（2）利用逼近和近似的概念以识别灰数。主要技术是：

1）分段识别。

2）逐次逼近。

3）区间识别。

（3）基于某种识别条件，利用优化的概念以识别灰数。采空区的治理必须了解各个采空区具体情况的差异性，判断其可能产生灾害的危险性程度，只有综合考虑各种信息，才能得到比较合理的采空区治理方案，并尽量使某些危险性程度大的采空区得到优先治理。目前，灰色关联度法、模糊综合评价方法、模糊测度理论已被应用到采空区稳定性评价中，灰色系统理论主要用于解决"小样本、贫信息且不确定"问题，其基本特点是"少数据建模"，并建立了相应的采空区稳定性分析数学模型，计算采空区灾害危险度以及采空区稳定性系数与稳定性级别间的对应关系。赵奎在应用模糊数学理论对矿柱稳定性分析方面取得了较大进步，建立了矿柱稳定性模糊推理系统。

1.2.4 研究进展

姜福兴用厚板力学的方法，研究了坚硬顶板采场薄板力学解的可行区域，作出了实用的工程判断图，并导出了四种边界条件板的厚化系数表达式，对必须用厚板来解的顶板，用相同边界条件的薄板解乘以厚化系数，得厚板的解。胡建华运用时变力学理论，针对大厂铜坑矿顶板诱导崩落试验采场的地质特征，建立有限元基本方程和时变力学模型，采用多步骤开挖的准时变力学有限元方法，模拟不同顶板诱导失稳崩落模式下的塑性区发展、东西预裂硐室与崩顶硐室的安全系数。弓培林采用现场实测及相似模拟技术研究大采高综采采场顶板结构特征，建立大采高综采采场的顶板控制力学模型。贺广零基于温克尔假设，将坚硬顶板视为弹性板（突破将坚硬顶板视为弹性梁的传统思想），将煤柱等效为连续均匀分布的支撑弹簧，从而形成煤柱-顶板相互作用系统。同时，将煤柱视为应变软化介质，采用近似的 Weibull 分布描述它的损伤本构模型，依据板壳理论和非线性动力学理论对采空区煤柱-顶板系统失稳机理进行了研究，得出了系统失稳的突变机制。王金安以采空区留矿柱采矿为背景，建立采空区矿柱-顶板体系流变力学模型，得出矿柱支撑下采空区顶板受流变作用位移控制方程，依此对采空区顶板破坏的不同阶段进行分析讨论，并考虑岩体的流变特性，运用弹性-黏弹性对应准则及 Laplace 数值逆变换对矿柱支撑的采空区顶板岩层变形进行了分析，建立了采空区顶板挠度随时间的关系。赵延林基于突变理论的采空区重叠顶板稳定性强度折减法，研究了重叠顶板的安全储备。浦海认为采场顶板的破断形态与采场来压、瓦斯抽放、地下水运移、地表沉陷等有密切关系，建立四边固支顶板的弹性薄板力学模型，利用里茨法理论分析顶板断裂形态的产生机理，得出顶板发生破坏以及破坏延伸、转移的规律。康亚明采用薄板模型，根据弹性力学中的最小势能原理，求得基于文克勒弹性地基薄板模型的顶板位移函数，将支撑老顶的直接顶与煤层视为黏弹性基础，基础模型为广义开尔文模型，在弹性地基薄板模型分析结果的基础上，根据"弹性-黏弹性"对应原理，通过拉普拉斯变换法得到了基于黏弹性基支四边固支薄板模型的老顶位移、应力的解析解，为分析顶板稳定性及预测老采空区的地表沉降提供一定的理论依据。唐礼忠针对深部采空区承受高静载同时受到周边采场爆破地震波扰动的具体情况，为研究采场围岩的稳定性，应用应力波方法分析了采空区围岩受到侧崩时的动力响应及充填的支护效果。吴昌熊把顶板视为上覆岩层为条形区域的梁，对于有三个大矿柱支撑顶板的情况，用"简支梁"力学模型对其进行计算，而对于有一系列点柱支撑的顶板用"连续梁"力学模型对其进行计算。孙琦等和于跟波等分别通过引入 Burgers 体作为岩体本构模型，对矿柱-顶板流变体系进行了计算；李大钟等在 Kelvin 体未考虑岩体初始弹性变形条件下得到空区变形随时间发展的关系；李铁等采用广义 Kelvin 体建立采空区顶板-矿柱流变体系，基于弹性力学理论进行体系沉降与时间对应关系的求解；熊立新等基于突变理论分析方法，构建了采空区顶板-隔离矿柱力学模型，提出隔离矿柱失稳的判据；姜耀东等基于连续梁理论，综合运用理论分析与数值模拟方法，对多层巷式采空区上覆岩层的移动变形规律进行研究。

综上，理论分析采空区问题的重点集中在采场的柱-板-梁简化结构基础上，运用弹性力学、连续梁、流变与突变理论建立计算模型获得位移与应力的解析解，进而分析其力学作用机理和关系。

1.3 采空区围岩稳定性数值分析

由于矿山岩石节理、裂隙、断层和其他的地质不连续面的存在，实际的开采过程中地质条件、工程影响因素较多，岩层移动的力学模型无法准确预测地表沉降。采空区现场监测虽然具有真实、可靠度大的优点，但周期较长、工作量大、成本高，且难以抓住主要因素进行机理分析；理论分析虽简单易行，但由于很多复杂的地质因素被简化或被忽略，复杂地质条件下的工程问题误差较大，且不能模拟采空区的动态变形过程，而数值模拟能快速、定量评价采空区的稳定性，成本低，改变方案和有关参数方便、灵活等优点，而且能够处理复杂的材料本构关系，因而在工程实践中得到了广泛应用。

目前采空区数值模拟主要使用有限单元法、离散单元法及有限差分法等。国外开发的相应软件有有限元分析软件 ANSYS，有限差分法软件 FLAC、FLAC3D，离散单元法软件 UDEC、3DEC、Midas/GTS；国内的如岩石破裂过程分析软件 RFPA 等。

孙国权通过 FLAC3D 程序对某金矿的采空区稳定性进行了数值模拟分析，得出了应力应变的分布规律，制定了留间距为 30m×30m，断面为 10m×10m 永久点柱的空区治理与矿柱回采方案。该矿山的工程实践证实该方案是经济、合理的，FLAC3D 数值模拟程序可在空区的稳定性分析中提供科学依据。张晓君用岩石破裂过程软件 RFPA 对采空区中的顶板、矿柱稳定性进行了模拟研究。他运用岩石破裂过程分析 RFPA 2D 系统，对采空区顶板大面积冒落过程进行了数值模拟研究，并对不同的顶板、底板和矿柱岩性对采空区的破坏过程进行了数值模拟研究，模拟结果再现了采空区从变形到破坏的全过程，并从应力分布角度分析了整个采空区的破坏规律。南世卿运用 RFPA 进行建模，研究了地下开采对露天境界顶柱受力和变形情况，分析了境界顶柱的稳定性。李宏将矿柱视为非均匀弹塑性材料，采用 RFPA 分析软件，对矿柱的弹塑性破裂过程进行了数值模拟研究，再现了矿柱从微破裂产生到宏观裂纹形成、最后产生失稳破坏的全过程，并统计了平均强度与极限承载力的关系。张娇采用 Plaxis 3D Tunnel 建立三维数值模型，并对其不同开挖顺序的开挖过程地压活动规律和围岩稳定性进行数值模拟，揭示了采空区不同开挖阶段应力的集中部位和围岩的潜在破坏部位。钟刚、唐有德采用三维弹塑性有限元数值分析软件 3D-SIGMA 软件对具体矿山进行了模拟。此外，李一帆等利用基于离散单元法的数值软件 UDEC 对实际工程采空区稳定性做了模拟研究；付建新等以典型铁矿山为工程背景，采用相似模拟和数值计算联合的方法，对单层采空区群形成过程中围岩的应力应变演化规律进行了研究；张向阳结合潘一东矿深部煤层开采的具体工程地质条件，运用相似模拟、数值模拟相结合的方法，分析研究了深部煤层上行开采过程中，岩层破坏断裂、裂隙演化及下沉变形特征；刘长友根据大同矿区多采空区坚硬厚层破断顶板群的赋存条件，采用理论分析、相似模拟实验和现场实测分析相结合的研究方法，对多采空区破断顶板群结构的失稳规律及其对工作面来压的影响进行了研究探讨；徐文彬等，采用相似模型、数值分析及现场监测手段，研究了阶段嗣后充填采场分层开采扰动下围岩的变形特征、破坏模式、巷道表面变形规律；姜立春采用 RFPA 岩石破裂过程分析软件，并通过近似重度增加法在计算模型顶部施加增量载荷，表征采空区群围岩的折减过程，分析了单层和多层水平采空区群的动态失稳演化过程；卢宏建采用数值计算软件分析了硬岩矿床多次开挖卸荷扰动下的矿柱应力演化特征和声发射能量表征的累计损伤规律。

1.4 采空区围岩稳定性相似试验

相似模拟实验是20世纪30年代由前苏联学者库兹涅佐夫提出的，并在全苏矿山测量和煤炭研究院等应用，后来在德国、波兰、日本、澳大利亚、美国等也得到广泛应用，发展至今已成为国外矿业界的一种重要的研究手段。

在 20 世纪 70、80 年代，世界各先进国家如意大利、美国、德国、南斯拉夫及瑞典、瑞士、前苏联、日本等，都曾经广泛地开展这项工作，针对大坝坝体与坝基的岩体稳定、大型矿井顶板围岩稳定、大型洞室围岩稳定与支护、大型露天山体边坡的安全与稳定等工程问题进行了卓有成效的研究工作，并研制了相应的实验设备。

我国 1958 年率先在中国矿业大学（时称北京矿业学院）的矿压实验室建立相似模拟实验架，并逐步扩大到煤炭科学研究院、各煤炭高校以及冶金、建筑、水利、工程地质等部门。20 世纪 60 年代以来，模拟实验被我国广泛应用于水利、采矿、地质、铁道以及岩土工程等领域，并取得了显著的技术成就和经济效益，已成为一种有力的科学研究手段。相似材料模拟已成为国内进行重大岩体工程可行性研究不可缺少的方法之一。

进入 20 世纪 70 年代中后期及 80 年代以后，山东大学、山东科技大学、重庆大学、西安科技大学等单位都建立了平面应变模拟及小型的立体模拟实验装置，通过相似模拟实验取得了不少研究成果，如著名的"砌体梁"理论、地下开采引起上覆岩层"三带"形成的规律以及地压显现与岩层断裂的规律等，在很大程度上都是借助相似模拟实验方法得出的。

相似模拟试验是基于物理原型，运用物理相似理论构建相似物理模型，能准确的模拟动态开挖过程中岩体的力学性能变化过程，直观的观测试验结果。叶义成根据缓倾斜多层矿床特征，构建物理相似材料模型，采用相似模拟试验方法，研究了前进式和后退式回采顺序开采矿床的围岩应变变化、巷道围岩应变变化和地表沉降及其演变规律；付宝杰通过物理模拟试验再现底板隔水层重复采动影响下裂隙萌生、扩展、贯通等破坏失稳过程；来兴平基于平面组合加载试验平台，构建了急倾斜坚硬岩柱动态破裂"声-热"演化特征模型试验，揭示了开采扰动作用下岩柱破裂过程中的声发射与温度演化规律；程志恒以沙曲煤矿近距离煤层群开采为背景，采用相似模拟实验研究了保护层与被保护层双重采动影响下围岩应力-裂隙分布与演化特征。

1.4.1 物理相似模拟材料研究

相似材料的选取、配比以及制作过程对模型的物理力学特性有着重要影响，并对模拟结果的可靠性有着决定性影响，所以选取合理的相似材料及配比对物理模拟试验具有重要意义。国内一些学者对相似材料进行了相关研究并取得了一系列成果，韩伯鲤提出了以铁粉和石英砂为骨料，以松香酒精溶液为胶结料的相似材料，李勇等在此基础上增添了重晶石粉；张宁等配制了由砂、水泥、橡胶粉、减水剂、早强防冻剂和防水剂组成的相似材料；张强勇等研制出了以铁矿粉、重晶石粉、石英砂、石膏粉和松香酒精配制而成的相似材料，董金玉等在此基础上也进行了相关试验研究；李宝富等采用砂子、碳酸钙和石膏配制了满足煤岩体的低强度相似材料；苏伟等对中粗河砂、水泥和明矾的相似材料进行了试验研究；彭海明及左保成等以砂子为骨料，以石膏和水泥为胶结料对岩层进行了模拟。随着相似材料模型试验技术的发展，越来越多的原料被用于配制相似材料。张强勇、马芳平、韩伯鲤等完成了一些新型相似材料的研究，并解决了许多试验问题。但传统的以水泥、石膏为胶结剂，石英砂和重晶石粉为骨料的传统相似材料在试验中仍被广泛使用，其理论研究也仍未停止。白占平、董金玉、彭海明、史小萌、杨晓雨等针对此种相似材料进行了研究。

1.4.2　物理相似模拟实验加载模拟

从试验技术上看，国外多数试验都是采用小千斤顶或小千斤顶群加载，少数采用了千斤顶加分配块系统加载方法。模型平面变形的控制大多没有提出严格的要求，只有美国 R. E. Heuer 等人实现了较为理想的平面应变条件。多数模型中都没有严格地模拟施工工艺，有的忽略了施工工艺的影响，有的只是做很近似的模拟。国内模型试验的加载方法多数都是用油压千斤顶系统通过分配块或者分配梁传递荷载（如清华大学水利水电工程系），也有的是采用小千斤顶群方式加载（如长江科学院）或者液压囊加载（如原武汉水利电力学院），也有的是采用橡胶气压袋方式加载。对模型的平面应变条件的控制一般都不是很严格，有的是采用侧限梁和侧限钢板相结合的方式，有的是用对穿螺杆方式。但是人们已经普遍认识到地质力学模型试验应当采用平面应变条件和"先加载，后开挖"的方法的重要性，只是尚未找到理想的实现方式。国内外在地质力学模型加载技术方面，除采用模型边界加载方法模拟地应力外，还采用底面摩擦试验装置给模型施加模拟自重的方式，其原理是利用模型底面与皮带机等物体产生的摩擦力来代替岩石的重力，演示隧洞在重力场作用下的变形破坏状态。另外，还有利用离心机高速运转产生的惯性力来模拟重力进行静力结构模型试验的。

1.4.3　物理模拟实验测试方法

物理模型实验的测量内容通常有位移、应力/应变、变形、裂隙的滑移及开裂等。在实际岩体工程中使用的各种应力应变位移量测仪器的传感器，因其体积过大，很难适用于模型实验，因此，在模拟实验中就必须有特殊的测量方法和测量仪器设备。

位移测量一般采用悬臂式测位仪，它可以用来测量洞室周围位移，也可用来测量节理之间的相对滑移及张开度。当进行多点量测时可以采用多点位移计、多测点巡回检测仪及光学全站仪等，其他常用的测位计有百分表、千分表及差动变压器式位移传感器。另外，利用激光散斑和白光散斑法量测位移及变形的技术也得到了广泛应用。

应力测量分为直接法和间接法。模型试验中直接测量应力是比较困难的，采用的仪器有压力盒、扁千斤顶等，它们往往用在加载系统中或模型边界处做初始应力的测量。常用的测力计等则是通过其他物理量的转换来间接测量压力和应力。Hobbs 和 Rabcewicz 等人曾用这样的测力计测量作用在洞室衬砌上的压力。而应变的量测则可以直接在模型中进行，近年来，由于光纤量测技术的发展，已经越来越多地采用光纤传感器来进行应变量测。

模型内部变形破坏多采用超声波监测仪、钻孔内窥仪及围岩松动圈测试仪等测试仪器进行监测。

1.5　采空区围岩稳定性监测预警方法

1.5.1　采空区稳定性监测技术

采空区的稳定性监测分析是矿山开采中一项基础性研究，对采空区应力、应变、位移变化的现场监测对采空区稳定性情况做出直接反馈具有真实、准确的特点。目前，国内对采空区稳定性监测分析主要利用声发射监测法、光弹应力计法等。

国内学者赵刚等人利用声发射法在采空区稳定性监测分析做了一定的研究。蔡美峰通过对岩石基复合材料支护的采空区声发射监测，利用声发射特征统计方法，发现了采空区（或塌陷区）围岩动力失稳的非线性关系，结合岩体失稳的全应力应变关系，揭示围岩失稳过程与声发射之间内在的规律性和必然联系。万虹采用光弹性应力计对具体矿山采空区应力变化情况进行了长期监测，通过围岩（含矿柱）应力监测得到应力变化规律，反映了采空区的稳定状况。

近年来，国内采空区动力灾害的数字化监测理论与技术在岩石力学领域兴起，对采空区稳定性监测分析发展起到了推动作用。地下采空区系统是高度非线性复杂大系统，并始终处于动态不可逆变化之中。对此，蔡美峰、宋兴平、刘德安、纪洪广等在采空区动力灾害的数字化监测理论和应用方面做了很多研究，取得了一定进步。宋兴平认为子波变换分析对大采空区动力灾害声发射监测的信号特征分析有很大的优势。

1.5.2　采空区失稳预警方法

失稳预警研究主要在水电大坝和边坡滑坡的变形监测方面开展了较多研究。近年来，人们对地压监测预警及评价的研究越来越重视，并取得了许多重要的研究成果和实用方法，很多地表变形监测的预警方法同样适用于井下采空区失稳预测。常见的主要预测方法有数理统计法、层次分析法、模糊综合评价法、人工智能方法等，这些成果对矿山安全生产起到了积极的推动作用。

模糊综合评价是以模糊数学为基础科学的综合评价，评价思路是通过隶属度理论把定性指标量值变为定量的评价量值，然后对研究对象的影响因素做出总体得分，以此来评价研究对象。张旭芳等提出了基于权广义距离之和最小的模糊模式识别的采空区模糊综合评价模型（Fuzzy Synthetic Evaluation Model），克服了传统评价方法结果趋向均化的不足。唐硕等运用模糊物元理论（Fuzzy Matter-Element Theory）并结合集成赋权法确定指标综合权重，正确构建了采空区稳定性模糊物元评价模型，并利用研究结果进行金属矿山采空区稳定性评价。

层次分析法（Analytic Hierarchy Process，简称 AHP）是一种对一些模糊复杂的系统做出决策的有效方法，为问题的解决提供了层次思维框架，定性判断和定量推断通过两两对比的方法进行标度从而相结合，在多目标决策中占有重要地位。贾楠等针对地下金属矿山采空区评价体系的多元、复杂及模糊特性，将改进的模糊层次分析法运用于采空区稳定性辨析，引入 3 标度法、模糊一致矩阵及和行归一法确定各属性指标的综合权重，不但增加了采空区稳定性辨析的客观可靠性而且避免了一致性检验。

目前围岩安全性预警基准主要有容许极限位移量、位移变化速率、位移加速度和变形速率比值判别等。仅仅采用某一个指标对围岩及支护结构的安全性进行判断具有一定的困难。有时周边位移超出位移控制基准值，但支护结构没有产生破坏；有时变形速率很大，但周边位移还远小于控制基准值，也未发生结构破坏；有时围岩变形尚未达到位移控制基准值，但支护结构已经失稳。在一定的时间内，围岩破坏会加速发展。因此，建立围岩安全预警基准，并在实际应用非常困难。传统的预警阈值的确定多是根据历史数据和经验得出的，超过阈值即进行预警，这种方法比较简单、操作方便；也可以根据数据的趋势分析，对于趋势相对简单的预测，可以通过趋势的拐点和速率来进行预测预警，但是这种方法仅适用变化规律较简单的情况；对于高度非线性的预测预警技术，可以根据大量的数据，利用灰色预测、神经网络等方法进行预测，但是这种方法基于足够庞大的测试数据库，有大量的成功数据才可以；对于高度非线性的另一种预测技术，就是利用数学方法，突变理论、分形理论、随机混沌理论，可以通过数学计算，寻找数据因素之间的内在联系，建立合适的数学预警模型，通过输入变量参数，输出定型的结果，进行预警，这种方法对数学的要求太高，多因素的数学模型构建过于复杂，不利于应用。

2　工程概况与岩石力学特性研究

2.1　工程概况

邢邢地区某矿山位于太行山东麓的丘陵区。地形南西高，北东低，地面标高250.3~326.8m，相对高差为76.5m。区内除沟谷内有零星的基岩露头外，大部分被第四系黄土及砾石层覆盖，厚度10~20m。

矿区东部有石炭迭系砂岩出露，南部和西部大面积出露中奥陶统灰岩。断裂构造不甚明显，矿体受成矿构造的控制，在36线及附近呈囊状矿体。矿体与围岩之间有断层痕迹，如断层擦痕等，但其规模小。岩浆岩属燕山期，为一岩性复杂的中~中酸性岩侵入体。

矿体分布于30~38线间，由八个矿体组成，主要部位剖面形态为釜形、薯形的囊状矿层，平均厚度40m，倾角45°~75°，平均品位45.04%，平均体重4.04t/m³。矿体顶、底板主要为蚀变闪长岩，稳固；矿体抗压强度较强，较稳固。

矿山2001年7月投产，设计年产量25万吨，服务年限21年，采用竖井盲竖井联合开拓，主井底至-130m水平，回风井底至+20m水平，共分为-40m、-85m、-127m、-130m、145m、168m、175m七个水平开采。采矿方法为浅孔留矿法，开拓系统如图2-1所示。

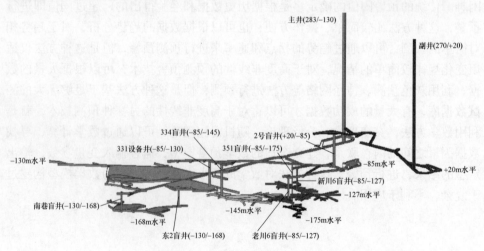

图 2-1　矿山开拓系统图

矿山经过多年的开采，截至2014年共形成采空区49个。因矿体的产状变化比较大，呈鸡窝状，所形成的空区大小不同，形态各异。采空区总体积58.4万立方米，体积在1.0万立方米以上的共有21个，单个最大采空区暴露面积达110m²，单个最大采空区体积4.68万立方米。主要分布在 – 130m 水平的32～34勘探线之间， – 85m 水平的33～35勘探线范围内， – 110m 水平的33～35勘探线范围内。采空区空间分布如图2-2所示。

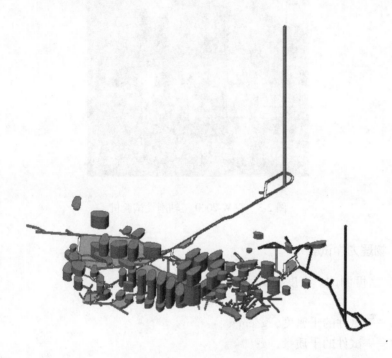

图2-2　矿山采空区分布图

2.2　矿岩力学特性研究

矿岩的性质及结构准确调查是工程力学分析的基础，包括物理性质和力学性质。根据工程计算要求，对矿山典型矿岩进行了物理力学性质试验。试验项目包括矿岩的密度测定，抗压强度实验，抗拉劈裂试验及抗剪强度实验。从而确定矿岩的密度、抗压强度、抗拉强度、弹性模量、泊松比、内聚力和内摩擦角等参数。

利用LP503型电子精密天平进行矿岩密度测试，利用TAW-2000型微机控制电液伺服刚性试验机进行矿岩的抗拉、抗压、抗剪切试验测试，如图2-3所示。

图 2-3　TAW-2000 三轴刚性试验机

2.2.1　物理力学试验

（1）密度测试。密度测试计算公式为：

$$\rho = M/V \tag{2-1}$$

式中　ρ——试件的干密度，g/cm^3；

　　　M——试件的干质量，g；

　　　V——试件体积，cm^3。

（2）单轴压缩及变形试验。单轴抗压强度计算公式为：

$$\sigma_c = P_{max}/A \tag{2-2}$$

式中　σ_c——单轴抗压强度，MPa；

　　　P_{max}——岩石试件最大破坏载荷，N；

　　　A——试件受压面积，mm^2。

弹性模量 E、泊松比 μ 计算公式：

$$E = \frac{\sigma_{c(50)}}{\varepsilon_{h(50)}} \tag{2-3}$$

$$\mu = \frac{\varepsilon_{d(50)}}{\varepsilon_{h(50)}} \tag{2-4}$$

式中　E——试件弹性模量，MPa；

　　　$\sigma_{c(50)}$——试件单轴抗压强度的 50%，MPa；

$\varepsilon_{h(50)}$——$\sigma_{c(50)}$处对应的轴向压缩应变;

$\varepsilon_{d(50)}$——$\sigma_{c(50)}$处对应的轴向压缩应变和径向拉伸应变;

μ——泊松比。

（3）单轴抗拉强度试验。利用劈裂法试验测定岩石单轴抗拉强度σ_t。该法是在圆柱体试样的直径方向上施加相对的线形载荷，使之沿试件直径方向破坏的试验。通过试件直径的两端，沿轴线方向划两条相互平行的加载基线，将两根垫条沿加载基线固定在试件两端，将试样置于压力机承压板中心，调整有球形座的承压板，使试样均匀受载，并使垫条与试件在同一加载轴线上，以每秒 0.5 ~ 1.0MPa/s 的加载速度加荷，直到试样破坏为止，并记录最大破坏载荷及加载过程中出现的现象。

单轴抗拉强度计算公式为：

$$\sigma_t = \frac{2P}{\pi DH} \tag{2-5}$$

式中　σ_t——岩石单轴抗拉强度，MPa；

　　　P——最大破坏载荷，kN；

　　　H——试件高度，mm；

　　　D——试件厚度，mm。

（4）单轴抗剪切强度试验。采用倾斜压膜法测定岩石抗剪强度。首先测量试件边长，然后在每个试件上标注剪切面和剪切面倾角。将立方体试件放在两个钢制的压模之间，而后把夹有试件的压模放在压力机上加压。当施加载荷达到一定值时，试件沿预定剪切面剪断，记录破坏载荷。调整剪切面倾角（30°、45°、60°）便可以得到不同倾角下每个岩石试件的剪切强度值。

根据下式计算试样所受的正应力和剪应力：

$$\sigma = \frac{P}{A}\sin\alpha \tag{2-6}$$

$$\tau = \frac{P}{A}\cos\alpha \tag{2-7}$$

式中　σ——抗剪断面上平均正应力，MPa；

　　　τ——抗剪断面上平均剪应力，MPa；

　　　α——抗剪夹具的角度（剪力与竖直方向），（°）；

　　　P——试样破坏时的载荷，N；

　　　A——剪断面积，mm^2。

根据以上公式计算可得到试件在不同剪切角度作用下的剪应力 τ 值和法向应力 σ 值。然后根据莫尔—库仑定律（$\tau = C + \sigma\tan\varphi$）作图，利用 Excel 线性回归求出岩块的黏结力 C 和内摩擦角 φ。

（5）计算结果。将室内矿岩岩石力学试验数据通过公式（2-1）~（2-7）即可求得岩石力学的各项参数，剔除奇异数据，将合理数据取平均，得到最终实验结果见表2-1。

表2-1 矿岩岩石物理力学性质参数表

岩 性	容重 $\rho/kN \cdot m^{-3}$	抗压强度 σ_c/MPa	抗拉强度 σ_t/MPa	弹性模量 E/GPa	泊松比 μ	内聚力 C/MPa	摩擦角 $\varphi/(°)$
矿 石	32.6	110	11	48	0.20	24	38
闪长岩	28.7	90	9	43	0.21	22	36

2.2.2 岩体力学参数研究

岩体是一种由一定的岩石组成的，赋存于一定地质环境中的，包含断裂在内的不连续面且受自然应力作用和动力工程影响的各向异性体。它与岩石材料的力学行为的差别，一般认为受不连续面和自然应力与水的控制而显现出来，即抵抗外力作用和被水渗透的工程地质性质差异悬殊，这就使得岩体的力学属性与岩石相差甚远。所以需要根据结构面对岩体的切割密度及产状，对岩石材料的力学参数进行合理的弱化。

大量工程实践经验得知：岩体的内聚力 C 值通常为岩石内聚力的 $1/10 \sim 1/15$；岩体的内摩擦角比岩石的稍低一些，但差异不是很大。

此外，关于岩体容重、抗拉强度、抗压强度、弹性模量、泊松比等参数的计算，目前尚无严格的计算规则，主要通过工程经验折减和估算。根据常规的经验折减法并结合工程地质条件，矿岩岩体力学参数采用如下系数和比例进行折减。

(1) 岩体容重估算值：$\rho_2 = \rho_1 - 0.3$，ρ_2 为岩体容重，ρ_1 为岩石容重。

(2) 岩体抗压（拉）强度：$\sigma_2 = \sigma_1/10$，σ_2 为岩体抗压（拉）强度，σ_1 为岩石抗压（拉）强度。

(3) 岩体弹性模量：$E_2 = E_1/10$，E_2 为岩体弹性模量，E_1 为岩石弹性模量。

(4) 岩体泊松比：$\mu_2 = \mu_1 + 0.01$，μ_2 为岩体的泊松比，μ_1 为岩石的泊松比。

(5) 岩体内聚力：$C_2 = C_1/10$，C_2 为岩体内聚力，C_1 为岩石内聚力。

矿岩岩体力学参数见表2-2。

表2-2 矿岩岩体物理力学性质参数表

岩 性	容重 $\rho/kN \cdot m^{-3}$	抗压强度 σ_c/MPa	抗拉强度 σ_t/MPa	弹性模量 E/GPa	泊松比 μ	内聚力 C/MPa	摩擦角 $\varphi/(°)$
矿 石	32.3	11.0	1.1	5.0	0.21	2.4	38
闪长岩	28.4	9.0	0.9	4.8	0.22	2.2	36

2.3 岩石试件声发射试验

对取自采空区的围岩试样进行了单轴压缩声发射实验，得到了岩石破坏时声发射事件率、能率等参数值，为声发射监测系统的参数设置提供了有效依据。通过对声发射监测系统长期运行结果的统计，总结出了井下多种活动的波形图和波形参数值，初步确定了采空区失稳的判据，便于技术人员及时有效地对地压活动进行判断。

试验采用的试样为 50mm × 100mm 的圆柱体，设备为加载控制系统和声发射监测系统。试验加载设备是 TAW-2000 三轴刚性试验机，声发射仪器采用美国物理声学公司（PAC）生产的 8 通道声发射监测系统。试验中保持加载过程和声发射监测在时间上的同步，监测岩石单轴压缩变形直至破坏过程中声发射各项参数特征。

通过对多组试样的测试，得到了试样破坏时事件率和能率的数值，见表 2-3。同时发现在接近岩石破裂点时，声发射事件率和能率急剧增加，并达到最大值，所以可将声发射事件率和能率作为判断采空区失稳的依据。根据试验所得数据，结合矿山实际情况和声发射监测系统的特点，对系统参数进行设置，见表 2-4。

表 2-3　岩石破坏时声发射参数

编号	能量/J	事件数/c	持续时间/s	能率/J·min^{-1}	事件率/c·min^{-1}
1	332199	10	102	195411. 17	5. 88
2	332199000	8287	99999	199321. 39	4. 97
3	1152800	35	367	188468. 66	5. 72
4	96787	3	29	200248. 97	6. 21
5	452763	12	142	191308. 31	5. 07
6	333427000	8806	100000	200056. 20	5. 28

表 2-4　矿山声发射监测系统参数设置

参　　数	低通截止频率	高通截止频率	事件率（per 5min）	大事件数/c	能率（per 5min）
数　　值	100	1K	25	25	200000

3　采空区围岩破裂失稳物理模型试验设计

3.1　物理相似模拟试验基本原理

在模型试验中，所讨论的相似是指两系统（或现象），如原型、模型，如果它们相对应的各点及在时间上对应的各瞬间的一切物理量成比例，则两个系统（或现象）相似。包括几何相似、载荷相似、刚度相似、质量相似、时间相似、物理过程相似等等。在此基础上，建立了相似理论的三个相似定理。

（1）相似第一定理：相似第一定理又称相似正定理，其表述为，彼此相似的现象，单值条件相同，其相似判据的数值也相同。

（2）相似第二定理：相似第二定理又称 π 定理，其内容为，当某一现象由 n 个物理量的函数关系来表示，且这些物理量中含有 m 种基本量纲时，则能得到 $(n-m)$ 个相似判据；描述这一现象的函数关系式，可表示为如下过程：

一般物理方程：

$$f(x_1, x_2, x_3, \cdots, x_n) = 0 \tag{3-1}$$

按相似第二定理，可改写成：

$$\varphi(\pi_1, \pi_2, \pi_3, \cdots, \pi_{n-m}) = 0 \tag{3-2}$$

这样，就把物理方程转化为判据方程，使问题得以简化。同时，因为现象相似，在对应点和对应时刻上的相似判据都保持同值，则它们的 π 关系式也应相同，即：

$$原型 \quad f(\pi_{p1}, \pi_{p2}, \pi_{p3}, \cdots, \pi_{p(n-m)}) = 0 \tag{3-3}$$

$$模型 \quad f(\pi_{m1}, \pi_{m2}, \pi_{m3}, \cdots, \pi_{m(n-m)}) = 0 \tag{3-4}$$

其中：

$$\left.\begin{array}{l} \pi_{p1} = \pi_{m1} \\ \pi_{p2} = \pi_{m2} \\ \pi_{p3} = \pi_{m3} \\ \qquad\vdots \\ \pi_{p(n-m)} = \pi_{m(n-m)} \end{array}\right\} \tag{3-5}$$

（3）相似第三定理：相似第三定理又称相似逆定理，其内容为，凡具有同一特性的现象，当单值条件（系统的几何性质、介质的物理性质、起始条件和边界条件等）彼此相似，且由单值条件的物理量所组成的相似判据在数值上相等，则这些现象必定相似。

3.2 物理模型建立

3.2.1 物理原型选择

选择36线矿体开采后的采空区为研究对象，该勘探线赋存一条矿体，第四系覆盖平均厚度20m。矿体出露高度距离地表70m，赋存高度112m，平均厚度24m，矿体倾角75°，走向长度600m，如图3-1所示。采矿方法为平底结构浅孔留矿法。矿块结构参数为：阶段高度40m，矿块长度40m，矿块宽度为矿体厚度，顶柱高度为8m，间柱宽度8m。

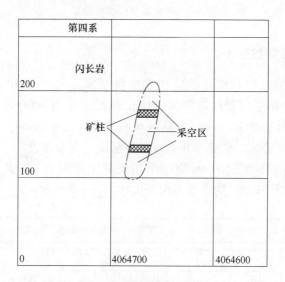

图3-1　典型采空区剖面

选取矿体中间的9个矿房为物理模拟原型，如图3-2所示。1~9个矿房依次开挖形成采空区，单个矿房空区尺寸：长32m，宽24m，高32m，顶、底柱和间柱宽8m。

3.2.2 物理模拟相似比

物理模拟采用YJ203相似材料加载模拟试验台。模型模拟区尺寸：长×宽×高 $=3000\text{mm}\times300\text{mm}\times2100\text{mm}$。

综合考虑物理模拟空区尺寸和相似材料加载模拟试验台尺寸，优先满足空区宽度和模型试验台宽度的几何相似比 $C_1 = l_p/l_m = 80$（下标p表示原型，下标m表示模型）。

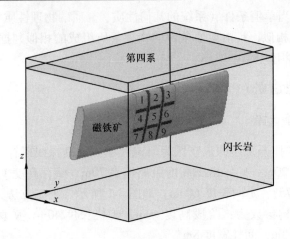

图 3-2　典型采空区物理原型

3.2.3　物理模拟参数设计

根据物理模拟几何相似比确定矿房空区长和宽尺寸为 40cm，矿柱尺寸为 10cm，1~9 矿房开挖后形成的空区区域长和宽尺寸为 140cm。考虑边界效应，空区区域两侧设计尺寸为 80cm，空区区域底部设计尺寸 20cm。由于相似材料成型过程中需要分层夯实，试验台相似材料不能设定到顶部边界，因此空区区域顶部设计尺寸为 36cm，剩余 14cm 空间采用混凝土砌块填充，其长、宽、高尺寸为：15cm×30cm×14cm。物理模拟相关尺寸如图 3-3 所示。

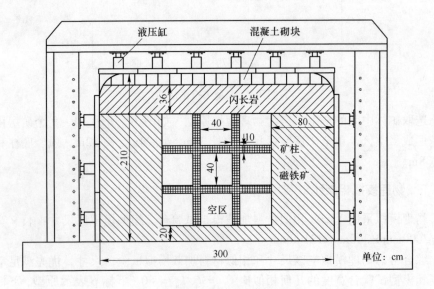

图 3-3　物理模拟相关参数设计

3.3 加载与测试系统

3.3.1 加载系统

试验采用青岛扬亚机械电子有限公司研制的相似材料二维加载模拟试验系统，是实验室大型材料试验设备，专为相似建材强度试验使用，本试验台的特点是有效消除了试件的加载边缘效应，它主要分为三个部分，包括试验台主机、液压泵站系统、电液控制系统。系统的试验操作和数据处理全部采用工程机及 PLC 控制，可以灵活地选用"手动"或"自动"操作控制。并具有安全保护和数据保持、打印及远距离通讯传输功能。如图 3-4 ~ 图 3-7 所示。

图 3-4 试验台主机

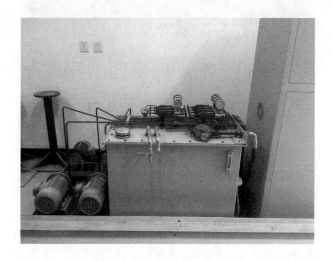

图 3-5 液压泵站系统

图 3-6 液压泵站系统

图 3-7 试验工控机

（1）模型架。相似材料试验台尺寸：3000mm×200mm×2100mm（长×宽×高）。

（2）油压加载系统。加载能力：对相似材料竖向最大压力和侧向最大压力均为 1MPa；竖向加载点 6 个，侧向加载点 6 个（每侧 3 个）；竖向和侧向加载行程分别为 0～300mm 和 0～150mm，竖向和侧向单点最大加载能力分别为 150kN

和 200kN。

（3）泵站系统：装有 7 台液压泵，分别供给 7 个回路的液压油，在泵站系统油箱处设有油温度显示、控制和报警系统。液压系统：共 7 个回路，每个回路包括液压缸、伺服电磁阀、进油过滤器、溢流阀和调速阀。电控系统：电机配电系统、控制报警系统、PLC 控制系统、油温控制系统、工控机操作系统。

3.3.2 测试系统

3.3.2.1 应力测试系统

应力测试系统由电阻应变式压力计、DRA-30A 多通道动静态应变仪和微型计算机组成。压力计外观尺寸为 $\phi 28\text{mm} \times 13\text{mm}$，量程为 $0.5 \sim 1.0\text{MPa}$，如图 3-8 所示。

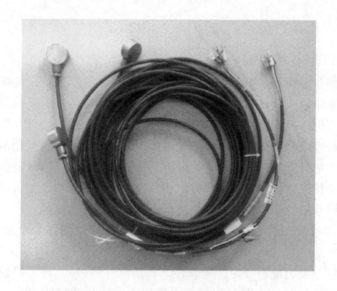

图 3-8　压力计

采集仪为 DRA-30A 多通道动静态应变仪，它由数据采集箱、微型计算机及支持软件组成，被广泛用于土木工程、交通运输、机械制造、桥梁建设等领域。若连接合适的传感器，还可进行压力、温度等物理量的测量。主要技术参数为，一机两用，可做动态和静态两种测量；通道数，30；测量，应变、电压；测量范围，$\pm 20000\mu\varepsilon$，$\pm 10\text{V}$；分辨率，$1\mu\varepsilon$，1mV；动态测量速度，$100 \sim 900\mu\text{s}$，$1 \sim 32767\text{ms}$；动态频率响应，$\text{DC} \sim 3\text{kHz}$；测量 1/4 桥、半桥、全桥和电压；每通道独立的 A/D 转换器；每通道 112K 字节的数据存储器（静态测量 30000 次）；动态测量 DRA-730AD（标配）；静态测量软件 DRA-730AS（标配），如图 3-9 所示。

图 3-9   动静态应变仪

3.3.2.2   应变测试系统

围岩表面变形观测采用 VIC-3D 非接触全场应变测量系统，其基于数字图像相关（Digital Image Correlation，简称 DIC）方法，DIC 是以非接触的方式测量全场位移及应变的一种观测方法，其基本原理为图像的数字化处理及数值计算，可人工制作散斑点或利用试样表面自然斑点来获取所需要的信息。相对于传统的位移计、应变片电测方法，DIC 方法数据处理简单，光学全场测量能够给出整个表面变形的分布情况，更能直观的分析。相对于其他光测方法，如云纹干涉、散斑照相等，测量系统容易搭建、光路简单，可使用白光作为光源。因此，具有非接触和全场量测等突出优点，特别适合岩土模型材料的细观与全场变形特性的观测。

测量系统主要组成部分为：光源、CCD 相机（两台）、计算机及采集软件与计算软件，如图所示。主要过程包括：模型表面特征散斑的制作，相机位置布设，相机的标定，开挖与加载试验获取。应变监测系统如图 3-10 所示。

3.3.2.3   声发射监测系统

声发射监测系统是专门用来接收和处理声发射信号的机械设备。为了满足不同工作领域的需要，按照检测通道数的不同，声发射检测仪器通常有单通道和多通道之分。单通道系统声发射检测仪比较常用的是不可拆分的一体式结构，在使用时有许多局限性，一个通道接收到的声发射信号不够详细，对结果的准确性影响较大。多通道声发射检测仪具有两个以上通道，每一个通道都具备一套完善的检测系统，多个通道同时工作，可以接收到被检材料不同部位的声发射信号，检测结果更加详细，能够对材料损伤破坏过程进行三维分析，形象生动，结果更加接近实际；按照信号处理和传输方式的不同，可以分为模拟

图 3-10 VIC-3D 测试系统及模型

式声发射检测仪和数字式声发射检测仪。随着计算机技术的飞速发展和软件技术的日新月异，新型的全数字化声发射检测仪在接收信号和数据处理分析方面得到了进一步的提升，已经广泛应用于声发射检测的各个领域。它与早期的模拟式声发射检测仪相比，可以将传感器接收到的声发射信号经过放大器放大后直接转换为数字信号，再从中取得研究人员所需要的声发射参数特征量，操作更加简便与直观，大大减少了工作人员的工作量。现阶段声发射信号处理技术开始往波形分析方面发展，声发射检测仪器也会向着更先进的全数字全波形声发射仪发展。

对于如何选择合适的声发射检测仪器，我们主要考虑以下三个方面：

（1）被检材料类型。

（2）被检对象情况。被检对象的大小和形状、声发射源可能出现的部位和特征的不同，决定选用检测仪器的通道数量，选择不同类型的系统。

（3）根据实际确定需要的声发射信息和分析的方法。

综上要求，实验采用的声发射仪器为美国物理声学公司（PAC）生产的 8 通道声发射监测系统，它包括硬件 PCI-2 声发射检测卡及 AE 数据采集软件。

PCI-2 声发射监测系统具有 18 位 A/D，1kHz ~ 3MHz 频率范围，且可以实时处理两通道声发射信号。

PCI-2 声发射采集卡具有以下特点：

（1）精度高，主板上的声发射数据流量器数据处理达到每秒 10M 个。

（2）检测范围大。动态范围达到 85dB，最大幅度达到 100dB，最低门槛值达到17dB。

（3）传输数据快，采用PCI总线和DMA提高了数据传输和储存的速度。

（4）二多通道，两个声发射通道集成于32位PCI卡，同时接收高频与低频信号。

3.4 监测点布设分析

3.4.1 声发射测点布设分析

声发射（Acoustic Emission，简称AE）技术是利用岩石变形过程中，内部破裂的产生和破裂面之间的摩擦滑动所辐射的超声波信息。声发射能反映岩石内部缺陷的演化特征。利用岩石破裂过程分析软件（RFPA2D）分析物理原型在多次开挖影响下的声发射特征，为声发射测点布设提供依据。

3.4.1.1 计算模型

数值计算模型模拟开挖三个阶段，每个阶段3个矿房。模型尺寸为500m×600m（长×高），单元划分为500×600＝300000个单元。不同岩性材料的非均匀性通过改变Weibull分布函数参数来实现，采用修正的库仑（考虑拉伸破坏）准则作为单元破坏的依据，岩层力学参数如第2章表2-2所示。矿石均质度取5，围岩和第四系均质度取3。

数值计算模型如图3-11所示，矿房尺寸为32m×32m，顶柱高度为8m，间柱宽度8m。共9个矿房，开挖顺序为1~9依次开挖。

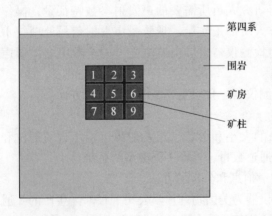

图3-11 数值计算模型

3.4.1.2 声发射演化特征分析

提取计算过程中的声发射特征数据如图3-12所示。灰色表示当前步骤中发生的拉伸破坏，白色表示当前步骤中发生的剪切破坏，黑色表示以前步骤中发生的拉伸和剪切破坏。

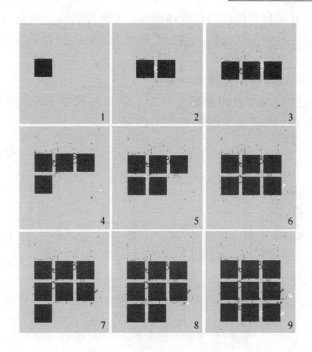

图 3-12 不同开挖步骤的声发射

分析图 3-12 中 2 可得出不同矿房开挖后矿柱的声发射位置及其破坏类型如表 3-1 所示。

表 3-1 不同开挖步骤矿柱声发射位置与破坏类型

开挖步骤	矿柱声发射位置与破坏类型
矿房 1 开挖	矿房 1 顶板左侧发生了拉伸破坏
矿房 2 开挖	矿房 1 和 2 的间柱上下两端发生了拉伸破坏，中间发生了剪切破坏
矿房 3 开挖	矿房 2 和 3 的间柱上部发生了剪切破坏，矿房 1 和 2 的间柱上端发生了拉伸破坏
矿房 4 开挖	矿房 2 的底板发生了拉伸破坏
矿房 5 开挖	矿房 4 和 5 的间柱上部发生了剪切破坏，矿房 2 的底板发生了拉伸破坏
矿房 6 开挖	矿房 5 的顶底板发生了拉伸破坏
矿房 7 开挖	矿房 5 的底板发生了拉伸破坏
矿房 8 开挖	矿房 4、5、6 的底板发生了拉伸破坏，矿房 7 和 8 的间柱上部发生了剪切破坏
矿房 9 开挖	矿房 8 的底板发生了拉伸破坏，矿房 8 和 9 的间柱中部发生了剪切破坏

由图 3-11 和表 3-1 可知，拉伸破坏发生在矿房顶底板位置；剪切破坏发生在间柱中间位置。矿房 1~4 开挖都影响到了矿房 1 和 2 间柱的稳定性，上下矿房间开挖扰动影响较小，相邻和对角矿房会产生相互扰动影响。不同矿房开挖的力

学特性反映了随着矿房开挖应力释放和转移，导致原岩应力场重新分布，在应力集中位置发生了拉伸和剪切破坏，当水平和垂直方向的相邻采场开挖后矿柱会产生累计损伤效应。

3.4.1.3 矿柱损伤演化规律分析

声发射能量能反映岩石内部裂纹等缺陷的发展规律，可表征岩石的损伤情况。不同矿房开挖后的声发射能量如图 3-13 所示。

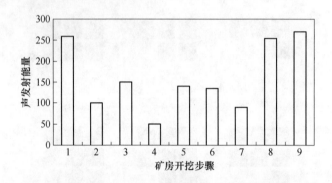

图 3-13 不同开挖步骤的声发射能量

基于声发射能量的损伤公式：

$$D_t = N_t / N_m \tag{3-6}$$

式中 N_m——岩石破坏时的累积能量；

   N_t——加载时长 t 时的积累能量；

   D_t——加载时长为 t 时的损伤。

根据式（3-6），假设矿房开挖到第九步时矿柱发生破坏，则不同矿房开挖的损伤公式可以表示为：

$$D_i = N_i / N_{kp} \tag{3-7}$$

式中 N_{kp}——矿柱发生破坏时的累积能量；

   N_i——开挖到矿房 i 时的积累能量；

   D_i——开挖到矿房 i 时的损伤。

由图 3-13 和式（3-7）可绘制出矿柱损伤与不同矿房开挖时的关系曲线，如图 3-14 所示。可以看出曲线根据斜率可分为 3 段与 3 个开挖水平对应，同一阶段的矿房开挖声发射能量大致相同。但是声发射位置在每个阶段开挖时不是均匀分布的，如图 3-15 所示，矿房 1~4 开挖时都对矿房 1 和 2 的间柱产生了卸荷扰动，使其产生了多次卸荷扰动累计损伤；矿房 5 和矿房 8 开挖时对相邻矿房和对角矿房产生了卸荷扰动，使其相邻矿房的间柱和对角矿房的底柱产生了累计损伤。特别是矿房 1 和 2 的间柱声发射能量占 9 个矿房开挖声发射能量的 20%，为矿柱破坏敏感区域。

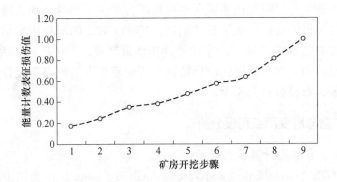

图 3-14 不同矿房开挖后的矿柱损伤曲线

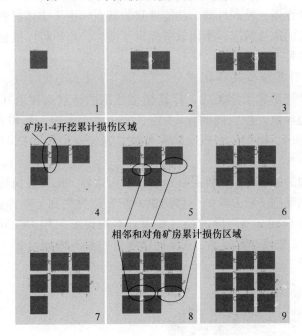

图 3-15 不同矿房开挖后的矿柱损伤分布

3.4.1.4 声发射测点布设位置

依据物理原型，利用 RFPA 软件建立了 3 阶段 9 矿房数值计算模型，模拟了多矿房开挖卸荷扰动下采场矿柱的声发射特征，拉伸破坏发生在矿房顶底板位置，剪切破坏发生在间柱中间位置。矿房 1～4 开挖都影响到了矿房 1 和 2 间柱的稳定性，上下矿房间开挖扰动影响较小，相邻和对角矿房会产生相互扰动影响。

利用声发射能量表征损伤值，分析了多矿房开挖卸荷扰动下采场矿柱的累计损伤规律。同一阶段的矿房开挖声发射能量大致相同，但声发射位置不是均匀分布的。矿房 5 和 8 开挖时对相邻矿房和对角矿房产生了卸荷扰动，使其相邻矿房的间柱和对角矿房的底柱产生了累计损伤。矿房 1 和 2 的间柱声发射能量占 9 个矿房开挖声发射能量的 20%，产生的累计损伤最严重，为矿柱破坏敏感区域。

通过声发射和矿柱累计损伤演化特征分析确定声发射测点布设位置为顶柱和间柱交汇位置，布设数目为 4 个。

3.4.2　压力盒与应变测点布设分析

3.4.2.1　有限元计算软件简介

MIDAS/GTS（Geotechnical and Tunnel Analysis System）作为国内唯一操作界面完全汉化的岩土类大型有限元程序，由世界结构软件开发公司之一 MIDAS IT 开发，具有专业性强、便利性高、功能性强的特点，由于土体材料的复杂性，用户可能遇到特殊的地质情况，所以软件提供了接口，用户可以根据需求定义本构模型，以满足各种工程条件。

3.4.2.2　计算模型及参数

依据弹塑性理论和工程类比，计算模型范围的选取通常由开挖矿房尺寸确定：四周和下边界取开挖空间的 3~5 倍，上边界至地表。模拟开挖 3 个阶段，每个阶段 3 个矿房，根据工程概况矿房参数，确定模型尺寸长 430m、宽 360m、高 340m。

计算时施加的边界约束条件是：地表为自由边界，未加任何约束；计算模型的前后边界分别受到 y 轴方向的位移约束，左右边界受到 x 轴方向的位移约束，模型的下部边界受到 z 轴方向的位移约束。本构模型采用 Drucker-Prager 准则。建立 MIDAS/GTS 数值计算模型，三维网格划分如图 3-16 所示。

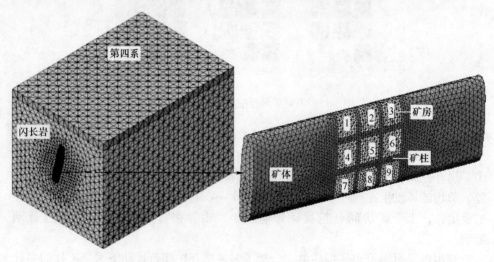

图 3-16　三维网格数值计算模型

模拟过程为 1~9 矿房依次开挖形成采空区，矿房开挖后开挖矿房的荷载释放 60%，后续矿房开挖后释放 40%。提取 1~9 矿房开挖后的最大主应力云图（见图 3-17~图 3-25），进行多次开挖扰动下采空区应力演化规律分析。

矿房 1~3 开挖后，分别形成次生应力场，空区底板均出现拉应力、两侧围岩承受压应力且相邻矿房间柱应力集中现象明显，开挖过程中应力发生转移和相互扰动现象。矿房 1 开挖后底板拉应力范围为 0.11~0.46MPa，顶板和两侧墙压应力在 0.06~0.23MPa。矿房 2 开挖后，与矿房 1 的相邻间柱成为压应力叠加区，应力值和矿房 1 开挖后相当，变化区域较小。矿房 3 开挖后，矿房 1、2 底板拉应力区域均有所减弱；最初开挖矿房底板拉应力区域最大，最终开挖矿房底板拉应力区域最小，拉应力值在 0.35MPa 左右，压应力值在 0.17MPa 左右。

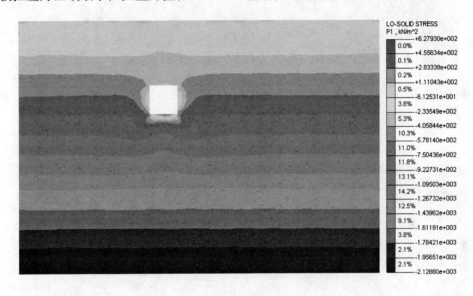

图 3-17 矿房 1 开挖围岩最大主应力云图

矿房 4 开挖后，1、2 矿房空区围岩应力发生转移，1 矿房底板拉应力减弱，拉应力值 0.04MPa 左右。2 矿房底板拉应力区域增加、应力集中现象加重，拉应力值在 0.35MPa 左右，3 矿房空区围岩应力变化不明显；矿房 5 开挖后，1 至 4 矿房空区围岩均发生了应力转移，空区底板均出现应力集中现象加重的情况。矿房 3 底板拉应力显著增大、区域明显增加，拉应力值在 0.38MPa 左右，矿房 2 底板拉应力显著减小，矿房 1、4 底板拉应力轻微增大。第一水平矿房（矿房 1~3）顶板拉应力增大，出现应力集中现象，且间柱应力由压应力向拉应力转变；矿房 6 开挖后，1~5 矿房空区围岩应力发生显著变化，各个矿房空区围岩应力集中现象加重，矿柱承受的拉应力从两侧向中间位置逐渐升高。

第二水平矿房开挖对同水平矿房产生应力扰动的同时，对上一水平矿房也产

图 3-18　矿房 2 开挖围岩最大主应力云图

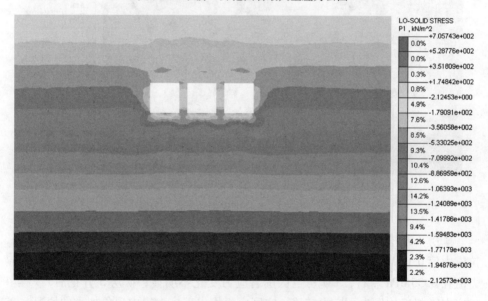

图 3-19　矿房 3 开挖围岩最大主应力云图

生了影响，可概括为本矿房开挖会对同水平相邻矿房和上水平对角矿房产生应力相互扰动影响。

　　矿房 7 开挖后，1～6 矿房围岩应力均不同程度变化，第一水平矿房间柱应力由拉应力转变为压应力，第二水平矿房间柱应力由拉应力向压应力过渡，但中间部分仍保持拉应力状态；矿房 8 开挖后，第一水平矿房空区围岩应力状态变化不大，

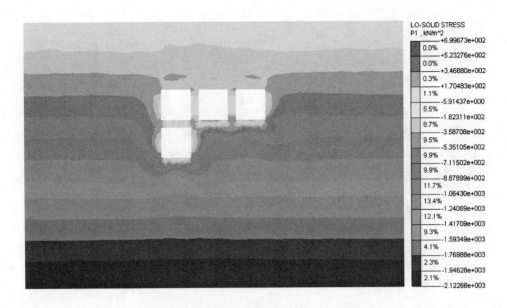

图 3-20 矿房 4 开挖围岩最大主应力云图

图 3-21 矿房 5 开挖围岩最大主应力云图

第二水平相邻矿房间柱应力继续向压应力转变、拉应力近乎消失；矿房 9 开挖后，三个水平相邻矿房的间柱和顶底板应力集中现象严重，但第三水平矿房底板应力集中现象相比于第一、二水平矿房开挖后底板应力集中现象程度要弱很多。

第三水平矿房开挖对第一、二水平矿房均产生了应力扰动，但对第二水平应

图 3-22　矿房 6 开挖围岩最大主应力云图

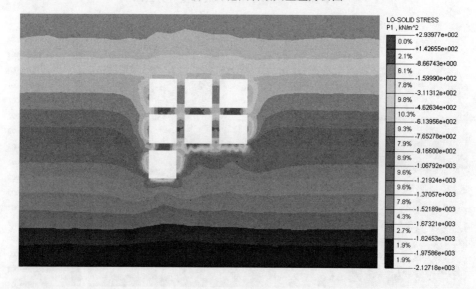

图 3-23　矿房 7 开挖围岩最大主应力云图

力扰动影响较大。

　　1~9 矿房开挖后，空区围岩应力一直处于调整状态，同一水平矿房开挖应力转移和集中现象类似，矿柱中间位置为应力变化敏感区域。本矿房开挖后，底板应力变化最大，局部出现拉应力为卸压区。第一水平矿房开挖后相邻矿房的间柱为应力集中区也是承压区。第二水平矿房开挖时相邻矿房和对角矿房的承压区和泄压区产生叠加现象，垂直相邻矿房卸压区变为承压区，第一水平空区顶板出现承压区。第三水平矿房开挖时相邻矿房和对角矿房的承压区和泄压区产生叠加现象的同时，对角矿房的间柱局部产生了剪切拉应力，由承压区变为卸压区。

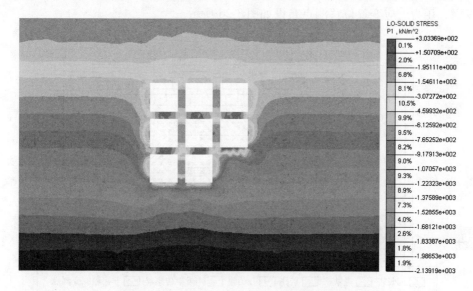

图 3-24　矿房 8 开挖围岩最大主应力云图

图 3-25　矿房 9 开挖围岩最大主应力云图

通过对不同矿房开挖后围岩应力演化规律分析可知矿柱，空区顶、底板和左右两侧围岩 15m 范围内为应力变化影响区域。

由于矿柱尺寸有限不适于布置压力盒，因此压力盒布置在第一水平空区中间位置，距离顶板 10cm 处，两侧布置在空区中间位置，距离空区 10cm 处。应变和位移测点布置以矿柱中心线为基准布设，间距为 10cm。物理相似模拟试验声发射、压力、应变、位移测点布设如图 3-26 所示。

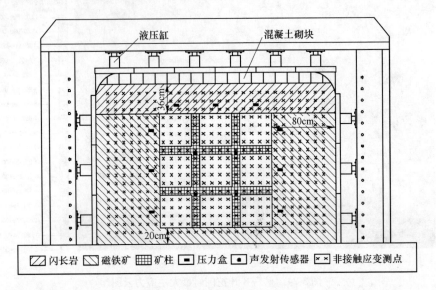

图 3-26　物理模拟测点布置设计

4 相似材料选择配比与模型制作实施

4.1 相似材料配比试验

4.1.1 相似材料选取的一般原则

在进行相似模型实验之前，首先要选择相似材料。相似材料的选取一方面关系到模型是否能正确反映原型特性的问题，另一方面关系到模型是否能够加工制作，实验能否顺利进行的问题。

（1）模型和原型相应材料主要的物理、力学性质应满足相似理论的要求，这样才能将模型中测得的数据按照相似常数转换成有效的原型中的数值。

（2）相似材料在制作和试验的过程中要有稳定的力学性能，不易受环境温度湿度等外界因素的影响。

（3）制作方便，便于设置量测传感器，具有较好的和易性，凝固时间相对较短，成型容易，凝固时没有大的收缩，易于养护。

（4）要考虑试验条件的因素，尽量选择廉价容易取得的材料以降低试验成本；制作工艺力求简化、模型易养护，能快速成型干燥以缩短试验周期。

（5）用来模拟岩石物理力学特性的相似材料应该选择具有高重度、低强度、拥有致密结构和大摩擦角的材料；其力学参数也要具有一定的变化范围，便于模拟不同岩性的岩体。

4.1.2 相似材料配比正交试验方案设计

4.1.2.1 相似材料选择

试验所模拟的原岩为磁铁矿和闪长岩，相似材料由骨料和胶结材料组成，结合相关文献和相似材料原料选择的一般原则，选择石膏和碳酸钙为胶结材料，选择河砂和重晶石为骨料。石膏为高强石膏粉，碳酸钙为重质碳酸钙，河砂为级配粒径小于1mm的细河砂，重晶石粒径为0.5～1mm。通过控制石膏和碳酸钙在相似材料中的含量，改变相似材料的力学性质。通过控制重晶石的含量，改变相似材料的密度。

4.1.2.2 正交试验方案设计

为了在较短的试验周期内找到适合岩层的相似材料配比，试验采用正交试验法。以骨料质量与胶结材料质量比（A）、碳酸钙质量与石膏质量比（B）、重晶石粉质量与骨料质量比（C）作为正交设计的 3 个因素，每个因素设置 5 个水平，详见表 4-1。

表 4-1 相似材料配比试验正交设计水平

因素水平	因素 A	因素 B	因素 C
1	4：1	1：9	0
2	5：1	2：8	1：10
3	6：1	3：7	2：10
4	7：1	4：6	3：10
5	8：1	5：5	4：10

试验选用 3 因素 5 水平的正交设计方案 25 组，其材料配比方案见表 4-2。试验中取骨料 2000g，用水量为试件的 1/10，按配比方案计算不同试验号对应的原料质量。

表 4-2 相似材料配比试验方案

试验号	因素 A	因素 B	因素 C
1	4：1	1：9	0
2	4：1	2：8	1：10
3	4：1	3：7	2：10
4	4：1	4：6	3：10
5	4：1	5：5	4：10
6	5：1	1：9	1：10
7	5：1	2：8	2：10
8	5：1	3：7	3：10
9	5：1	4：6	4：10
10	5：1	5：5	0
11	6：1	1：9	2：10
12	6：1	2：8	3：10
13	6：1	3：7	4：10
14	6：1	4：6	0
15	6：1	5：5	1：10
16	7：1	1：9	3：10
17	7：1	2：8	4：10
18	7：1	3：7	0
19	7：1	4：6	1：10
20	7：1	5：5	2：10

续表4-2

试验号	因素 A	因素 B	因素 C
21	8 : 1	1 : 9	4 : 10
22	8 : 1	2 : 8	0
23	8 : 1	3 : 7	1 : 10
24	8 : 1	4 : 6	2 : 10
25	8 : 1	5 : 5	3 : 10

4.1.3 试件制作与力学参数测试

4.1.3.1 试件制作步骤

按照配比方案计算的各试验号中各原料的配比备置原料,经过试模准备、原料拌合、装料、压制、脱模、养护等工序制作成标准试件。

模具选用室内立方体铸铁模具,尺寸长×宽×高为 70.7mm×70.7mm×70.7mm。每个方案制作 3 个试件。

4.1.3.2 力学指标测试

利用 LP503 型电子精密天平和 HUALONG-WC500 型压力机对不同配比方案的试件进行密度、单轴抗压强度、弹性模量等物理力学指标进行测试,测试结果见表4-3。

表4-3 不同配比方案力学指标测试结果

试验号	密度/g·cm^{-3}	抗压强度/MPa	弹性模量/MPa
1	1.655	1.228	416.028
2	1.769	1.237	424.423
3	1.792	1.305	446.621
4	1.813	1.334	482.378
5	1.948	1.415	517.028
6	1.713	1.051	366.534
7	1.712	1.091	387.454
8	1.793	1.154	411.768
9	1.881	1.211	405.432
10	1.756	1.102	357.569
11	1.742	0.649	291.872
12	1.784	0.764	327.369
13	1.786	0.821	346.789
14	1.693	0.845	284.276

试验号	密度/g·cm^{-3}	抗压强度/MPa	弹性模量/MPa
15	1.744	0.911	307.192
16	1.722	0.543	252.056
17	1.813	0.576	272.198
18	1.716	0.527	203.842
19	1.684	0.568	236.243
20	1.754	0.701	267.027
21	1.739	0.321	213.501
22	1.653	0.276	165.509
23	1.709	0.304	186.042
24	1.735	0.425	203.101
25	1.797	0.482	215.063

通过分析表4-3数据可知，相似材料密度范围为1.655~1.948g/cm^3，抗压强度范围为0.304~1.415MPa，弹性模量范围为165.509~517.028MPa。在一定相似比条件下，制备的相似材料可以模拟部分常见铁矿床岩层。

4.1.4 相似材料力学性能影响因素分析

采用极差分析法分析不同配比方案力学指标测试结果。首先将各个因素相同水平指标值平均，然后求得不同水平指标均值的最大值与最小值之差即为极差。极差越大说明此因素越重要，对试验结果影响明显。

依据表4-3数据，运用极差分析方法得出不同力学指标影响因素。极差分析结果见表4-4，表中K_i为不同因素水平指标测试结果的平均值，R为极差。

表4-4 力学指标测试结果极差分析

指标		因素A	因素B	因素C
密度/g·cm^{-3}	K_1	1.795	1.714	1.695
	K_2	1.771	1.746	1.724
	K_3	1.750	1.759	1.747
	K_4	1.738	1.761	1.782
	K_5	1.727	1.800	1.833
	R	0.069	0.086	0.139

指　　标		因素 A	因素 B	因素 C
抗压强度/MPa	K_1	1.304	0.758	0.796
	K_2	1.122	0.789	0.814
	K_3	0.798	0.822	0.834
	K_4	0.583	0.877	0.855
	K_5	0.362	0.922	0.869
	R	0.942	0.164	0.073
弹性模量/MPa	K_1	457.296	307.998	285.445
	K_2	385.751	315.391	304.087
	K_3	311.500	319.012	319.215
	K_4	246.273	322.286	337.727
	K_5	196.643	332.776	350.990
	R	260.652	24.778	65.545

　　为了直观地分析各因素力学指标的影响规律，根据表4-3数据绘制了各因素不同水平力学指标均值折线直观图，如图4-1～图4-3所示。

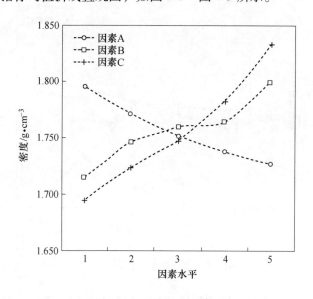

图4-1　密度影响因素分析

　　通过分析不同力学指标影响因素分析折线图和不同因素水平指标测试结果极差数据可以得出以下结论：

　　（1）重晶石含量对相似材料密度起控制作用。碳酸钙质量与石膏质量比和

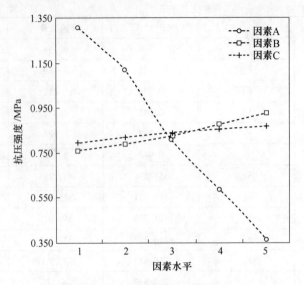

图 4-2 抗压强度影响因素分析

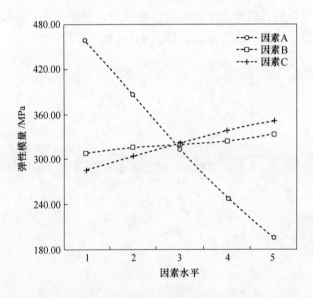

图 4-3 弹性模量影响因素分析

骨料质量与胶结材料质量比影响程度相当，但其两种因素影响趋势相反。

（2）抗压强度力学指标主控因素是骨料质量与胶结材料质量比，碳酸钙质量与石膏质量比和重晶石含量对其也有一定影响。

（3）相似材料的弹性模量力学指标受骨料质量与胶结材料质量比影响最大，其次为重晶石含量，受碳酸钙质量与石膏质量比影响最小。

4.1.5 材料配比与力学指标关系方程确定及应用

4.1.5.1 相似材料配比与力学指标关系方程

通过各影响因素分析折线图可知，各因素与相似材料力学指标有明显的线性关系。运用 MATLAB 程序进行多元线性回归分析，设因素 A 为 X_1、因素 B 为 X_2、因素 C 为 X_3；密度指标为 Y_1、抗压强度指标为 Y_2、弹性模量指标为 Y_3。通过表4-2 和表4-3 数据回归得出相似材料配比与力学指标关系方程，方程相关系数大于 0.95。

$$\left.\begin{aligned} Y_1 &= 1.7507 - 0.0171X_1 + 0.0830X_2 + 0.3356X_3 \\ Y_2 &= 2.1582 - 0.2423X_1 + 0.1866X_2 + 0.1876X_3 \\ Y_3 &= 670.5126 - 66.0783X_1 + 25.4144X_2 + 164.7296X_3 \end{aligned}\right\} \quad (4\text{-}1)$$

对式（4-1）求解得出：

$$\left.\begin{aligned} X_1 &= 6.64Y_1 - 1.315Y_2 - 0.0120Y_3 - 0.7203 \\ X_2 &= 7.0354Y_1 + 4.9495Y_2 - 0.0199Y_3 - 9.609 \\ X_3 &= 1.5781Y_1 - 1.2911Y_2 + 0.0043Y_3 - 2.8769 \end{aligned}\right\} \quad (4\text{-}2)$$

在相似模拟工程相似比确定的前提下，依据物理原型力学指标参数，得出相似材料力学指标参数，通过式（4-2）确定相似材料配比。式（4-2）中 X_1，X_2，X_3 区间为 $[0, \infty)$，当计算结果小于零时，应通过添加剂或选用其他相似材料原料进行相似材料配比的确定。

4.1.5.2 工程应用

物理原型岩层为磁铁矿和闪长岩。物理模拟采用 YJ203 相似材料加载模拟试验台。模型模拟区尺寸：长×宽×高 = 3000mm×300mm×2100mm。综合考虑物理模拟区域尺寸和相似材料加载模拟试验台尺寸，相似材料模型试验选用几何相似比 $C_l = 80$，密度相似比 $C_r = 1.7$，应力和弹性模量相似比 $C_\sigma = C_E = 136$。物理原型与相似材料力学参数见表4-5。

表4-5 磁铁矿和闪长岩配比材料力学参数设计

岩　性		密度/g·cm⁻³	抗压强度/MPa	弹性模量/MPa
磁铁矿	原　型	3.26	110	46000
	模　型	1.91	0.81	338.235
闪长岩	原　型	2.87	90	37000
	模　型	1.69	0.66	272.06

将表4-5 数据对应代入公式（4-2）后可以得出磁铁矿相似材料的骨料质量与胶结材料质量比为 6.8，碳酸钙质量与石膏质量比为 1.1，重晶石粉质量与骨

料质量比为 0.5。闪长岩相似材料的骨料质量与胶结材料质量比为 6.4，碳酸钙质量与石膏质量比为 0.1，重晶石粉质量与骨料质量比为 0.1。

根据得到的相似材料配比制作试件并进行力学指标测试，得出的相似材料力学参数见表 4-6。

表 4-6 验证试验结果

材 料	密度/g·cm^{-3}	抗压强度/MPa	弹性模量/MPa
磁铁矿相似材料	1.86	0.83	341
闪长岩相似材料	1.71	0.61	251

对比相似材料理论值和试验值误差小于 10%，符合《建筑砂浆基本性能试验方法》(JGJ70—90) 中规定误差标准。试验回归的相似材料配比与力学指标关系方程可以用于相似材料模型试验配比的确定。

4.2 相似材料声发射监测适宜参数试验

相似材料模型试验以其操作简单、试验周期短、费用低等特点，一直是研究岩体工程稳定性问题的有效方法，采用合理的相似材料与配比，能够在室内模拟复杂的地质应力物理原型，其在矿业工程领域得到了广泛应用。而相似试验的关键问题是相似材料的力学特性与物理原型之间遵循一定的相似理论，及其相关信息的提取。基于此，开展硬岩相似材料的单轴压缩变形与声发射（AE）特征试验研究，旨在揭示一定配比下相似材料与物理原型硬岩的力学特性及声发射特征相关度，为利用相似模拟试验能再现物理原型力学特征变化过程的可行性提供依据。

4.2.1 试验设备及参数选择

试验中采用的加载系统为 TAW-3000 伺服岩石力学试验系统，声发射采用美国物理声学公司 PAC 生产的 PCI-2 型多通道声发射监测系统。单轴压缩试验采用轴向等位移控制方式加载，为保证试样与加载面完全接触，避免接触时所产生的接触噪声影响声发射监测结果，先预加载至 1.5kN，随后以 0.2mm/min 的速率加载至破坏，采用声发射系统实时同步监测试样的破裂过程。参考相关文献，试验时前置放大器门槛值（增益）为 40dB，声发射采样门槛值为 45dB。声发射仪的采样频率设定为 1kHz～3MHz，声发射波形采样率为 1MSPS，预触发为 256，长度为 2K。声发射传感器为 R6 型谐振式高灵敏度传感器，其工作频率为 35～100kHz，试验时在传感器和试样之间涂上凡士林，同时用橡皮筋固定以增强二者耦合性，减少声发射信号的衰减。为保证各系统的数据在时间上严格对应，试验开始前，对各试验数据采集系统进行计时同步。试验系统如图 4-4 所示。

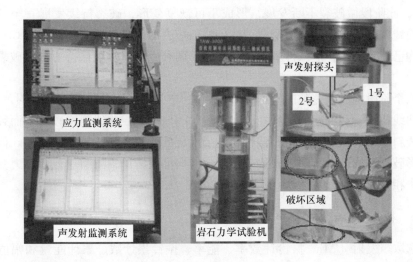

图 4-4　试验系统

4.2.2　相似材料单轴压缩变形力学特征

图 4-5 为两种硬岩相似材料单轴压缩过程应力-时间关系曲线，从中可以看出两种硬岩相似材料破坏过程均可分为孔隙裂隙压密、线弹性、破裂发展、破裂后 4 个阶段。在压缩初期，即孔隙裂隙压密阶段（OA），轴向应力随时间增加逐渐增大，曲线向上弯曲，为早期非线性阶段；两组试件在加载一段时间后便进入线弹性阶段（AB），在该阶段应力-时间区曲线呈近直线形状，试件变形表现出明显的弹性特征，产生可恢复弹性变形；达到弹性极限载荷后进入破裂发展阶段

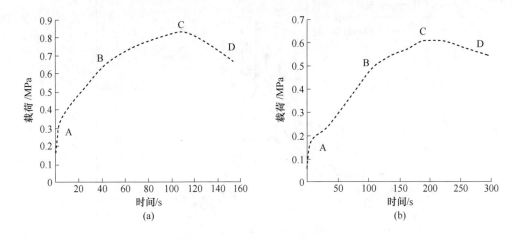

图 4-5　试件轴向应力-时间曲线

（a）磁铁矿相似材料；（b）闪长岩相似材料

（BC），此阶段微破裂不断发展，形成不可恢复变形，破裂持续发展直至试件破坏，曲线向下弯曲；试件所受载荷达到峰值应力后，进入破裂后阶段（CD），内部结构已遭到破坏，但试件基本保持完整，两种相似材料均保持一定的破裂后承载力。

四个阶段构成了完整的应力-时间曲线，与典型硬岩单轴压缩破坏时的应力-时间曲线相比，两种相似材料的压密阶段时间比较短、曲线斜率较大，而弹性阶段曲线斜率较小，这是由于相似材料的强度较低，致密性比较差的缘故。但从整个变形破坏过程来看，两种硬岩相似材料与典型硬岩单轴压缩过程中应力变化规律基本相似。

4.2.3 相似材料单轴压缩声发射特征

选取声发射（AE）振铃计数率、能率、振铃累计数、累计能量和幅值作为特征参量，绘制相关曲线如图 4-6 所示。

（Ⅰ）孔隙裂隙压密阶段，此阶段两种相似材料 AE 振铃计数率、能率和幅值均较小，产生少量声发射活动，主要是因为试件中含有较少量孔隙裂隙等原生缺陷，受到轴向载荷后，这些原生缺陷快速闭合，相似材料试件强度较低，孔隙裂隙闭合时，会对孔隙裂隙面附近粗糙面产生影响，从而产生一定量小能率的声发射活动。

（Ⅱ）线弹性变形阶段，相似材料试件内部绝大部分为弹性变形，基本上没有塑性损伤破坏，AE 特征为振铃计数率、能率和幅值都保持在一定水平，AE 振铃累计数和累计能量增长缓慢，偶有突增现象，是由于试件材料内部颗

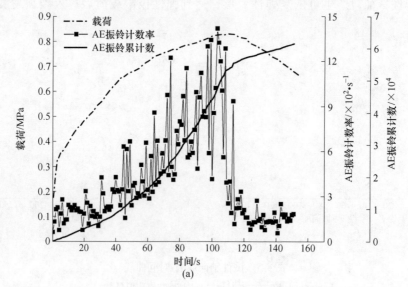

(a)

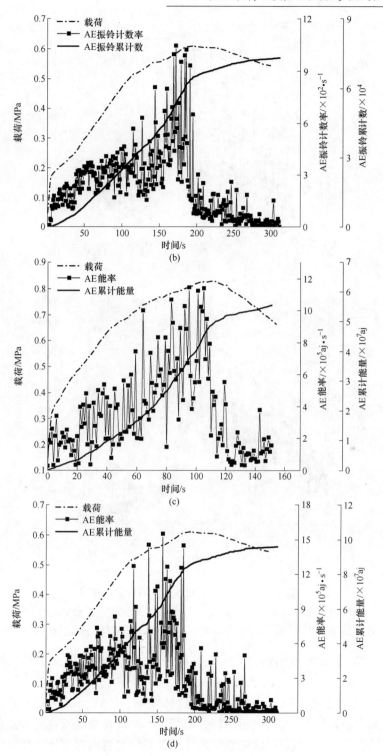

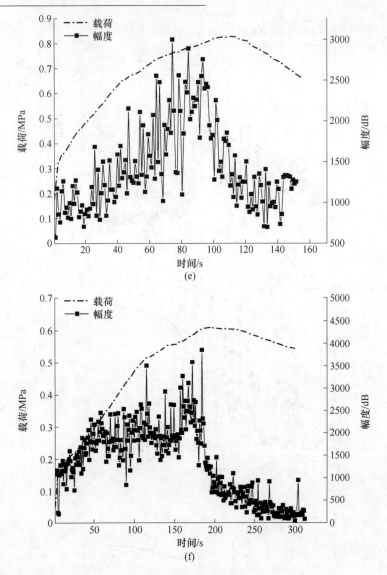

图 4-6 两种相似材料变形及声发射特征图

(a) 磁铁矿相似材料 AE 振铃率；(b) 闪长岩相似材料 AE 振铃率；(c) 磁铁矿相似材料 AE 能率；
(d) 闪长岩相似材料 AE 能率；(e) 磁铁矿相似材料 AE 幅度；(f) 闪长岩相似材料 AE 幅度

粒受压产生的滑动摩擦引起的。但从整体上看，此阶段声发射活动仍处于较低水平。

（Ⅲ）破裂发展阶段，AE 特征为振铃计数率和能率持续活跃上升、幅值变大，出现多次极值点，AE 振铃累计数和累计能量-时间曲线呈近直线形状，声发射活动表现得异常活跃，因为随载荷的增加，相似材料内部原生裂隙继续扩展且开始萌生新的微裂隙，新老微裂隙进一步扩展、汇合、贯通，形成大的裂隙。在临近峰值强度时，大的裂隙发展、贯通形成宏观裂纹，使试件破坏，释放大量高能量弹性波，声发射活动达到最大。

（Ⅳ）破裂后阶段，AE 振铃计数率和能率显著降低、幅值减小，均维持在较低量值，AE 振铃累计数和累计能量增长速率降到最低值，这是因为在达到峰值应力前，相似材料内部已经遭到完全破坏，峰值应力过后不再产生新的裂隙裂纹。

分阶段来看，典型硬岩破坏声发射活动峰值点出现在峰值强度处，而硬岩相似材料声发射活动峰值点出现在临近峰值强度处，在峰值强度之前，造成这种现象的原因是硬岩相似材料致密性较差、强度低，在达到峰值强度以前已经遭到完全破坏，但仍保持较高承载力直至峰值强度。但从整个试验过程中硬岩相似材料声发射特征看，声发射活动表现出阶段性特征，都经历了缓慢增长、快速增长、急速下降后趋于平稳三个过程，这与典型硬岩单轴压缩破坏声发射特征相似。

硬岩相似材料力学指标符合相似模型试验要求，破坏过程中应力-时间曲线具有明显阶段性特征，包括孔裂隙压密、线弹性、破裂发展、破裂后 4 个阶段，压密阶段比典型硬岩压密阶段时间短，弹性阶段曲线斜率较小，但从整个过程看，与典型硬岩应力-时间曲线变化规律相同。硬岩相似材料声发射活动峰值点出现在临近峰值强度处，与典型硬岩略有差异。从整个破坏过程声发射特征看，相似材料声发射活动都经历了缓慢增长、快速增长、急速下降后趋于平稳三个过程，与典型硬岩声发射特征相似。通过分析硬岩相似材料力学特性与声发射参数特征可知，硬岩相似材料与典型硬岩基本相似，可以反应硬岩的力学特征。

4.3 相似试验模型制作实施

4.3.1 相似模型制作

按照 4.1 节模型材料的配比方案将河砂、石膏、重晶石、碳酸钙等混合均匀并充分搅拌后，快速倒入相似模型试验台中，相似材料模型制作采用分层制作，充分搅拌多次压实，使混合物均匀且不留空隙。

模型制作具体流程如下：

（1）清洁模型架，如图 4-7 所示，在相似模型试验台前后两面安装、固定可拆卸槽钢护板，并在模型架钢板内侧涂上适量的机油，以免拆模时钢板和相似材料连成一体损坏模型，在左右两侧挡板处铺设塑料薄膜，以防止侧压加载时，侧板粘连模型。

（2）分层铺设前，先计算好此分层所需的混合料重量并进行混合，再放入设计的水量，并在水中加入一定量的缓凝剂，防止在搅拌的过程中材料凝结，迅速搅拌均匀，如图4-8所示。

图4-7 模板安装

图4-8 配料搅拌

（3）将混合好的相似材料搅拌均匀后倒入相似实验台中，先将混合料摊平并使之均匀，然后进行压实操作（见图4-9），重复以上步骤至指定高度，铺设过程中按照监测点布设方案对压力计进行预埋布置（见图4-10），土压力盒都是放置在试验架宽度方向上的正中心，整个制作过程应迅速完成。

（4）在模型浇筑至196cm高度时（见图4-11），最上一层放置混凝土砌块，

图 4-9 分层夯实

图 4-10 压力盒埋设

混凝土砌块采用水泥浇筑制成。拆卸钢板模具，首次为 3 天，中期为 2 天，后期为 1 天，共计 21 天，每次前后交叉拆卸一对模具（见图 4-12）。模具拆卸完毕后（见图 4-13），风干 7 天。

（5）模型顶部应力补偿。因未能模拟至地表，采用混凝土砌块自重和和竖向加载油缸对模型进行自重应力补偿。在制作模型时，模型材料与试验台两端铺一层塑料薄膜并在表面涂抹机油以减少摩擦力，取摩擦阻力系数为 0.2 计算摩擦引起的荷载损失。根据应力相似系数，每个竖向加载油缸需施加的载荷为 0.685kN。

图 4-11 模型砌筑至 196cm

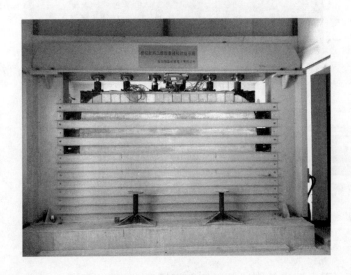

图 4-12 拆模中间阶段

4.3.2 监测设备安装与调试

4.3.2.1 应力设备安装与调试

设置动态应变仪每 30 秒为一步读取一次压力盒数据，试验开挖及加载过程中保持各土压力盒正常持续读取数值，分别读取并记录 9 个压力盒在不同开挖采集步数下的应力值（见图 4-14）。

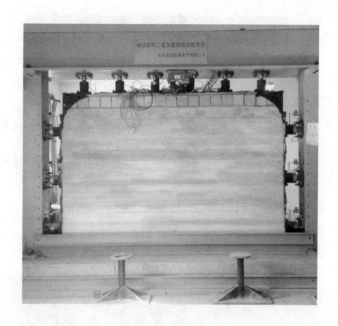

图 4-13　拆模完毕

4.3.2.2　应变设备安装与调试

（1）模型表面的散斑制作。数字图像相关方法通过追踪试件表面随机特征散斑的相对位置变化，获取试件加载变形后的位移场及应变场。待模型养护完成后，在其表面制作随机特征散斑。随机特征散斑要与底色形成鲜明色差，故选用黑色墨水，用毛笔点涂。特征散斑的密度和大小由试件尺寸及使用相机的像素决定。散斑制作过程如图 4-15 和图 4-16 所示。

（2）相机位置布设及调节。为确保测试的精度，对 CCD 相机进行标定，从而建立相机与 VIC-3D 系统计量信息之间的联系。相机标定前，要确定相机的布放位置，以保证试验区域能够完全容纳在相机镜头内。试验过程中模型的总位移量不超出相机镜头的有效拍摄范围。相机布放位置固定后，对相机进行焦距和光圈调节。调节焦距使拍摄到的照片最清晰，调节光圈以控制照片拍摄时的光线强弱。若光圈过小会导致试验照片拍摄时曝光不足，拍摄结果黑暗不清晰。若光圈过大将会导致所拍摄的照片表面出现大面积反光区域，从而无法进行试件表面特征斑点的追踪。为了获取清晰有效的试验照片，要保证试验环境光线柔和。

（3）相机标定。当相机位置固定且相机的焦距及光圈调节完毕后，特征散斑便可清晰地呈现在照片获取窗口内，之后进行相机标定。标定板的尺寸要与试件的尺寸相差不大，根据试验模型的几何尺寸，选择 VIC-3D 测试系

图 4-14　应力设备安装与调试

统自带的 12×9 标定板进行标定，标定板中含有三个主点，相机标定时，三个主点必须同时包括在内，在标定过程中，标定板需要上下前后左右缓慢少量移动，对每个移动位置进行拍摄，拍摄 30～50 张标定照片，标定过程如图 4-17 所示。

　　将标定照片导入 VIC-3D 后处理系统中，剔除不合格照片，进行相机标定参数计算，获取模型所处位置信息。最终的标定结果如图 4-17 所示，此次标定误差为 0.014。

　　完成相机标定后，相机的位置及焦距固定不变。试验过程全程进行图像采集，开挖过程采集速率为每隔 1min 两台相机同时采集一组，加载渐进破坏过程为每隔 5s 两台相机同时采集一组。

图 4-15 散斑制作过程

图 4-16 散斑制作完成

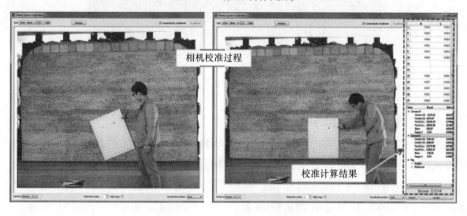

图 4-17 相机校准过程及结果

4.3.2.3   声发射设备安装与调试

将声发射传感器按照监测点布设位置方案固定于模型上（见图4-18），在模型与传感器之间涂抹凡士林以增加二者的耦合性，凡士林的涂抹量要符合传感器的抗阻特性不易太厚或太薄，影响声发射信号的收集。

图4-18   声发射传感器安装

声发射系统调试如图4-19所示。

检测门槛设置：检测门槛值的确定由传感器的灵敏度以及传感器距离以及系统的灵敏度决定。门槛值的高低决定了收集信号的强度与多少。门槛值过低易受到外部环境的影响，门槛值过高会影响所收集的信号数量，影响声发射信号的处理。本实验的声发射门槛值设定见表4-7。

系统增益设置：系统增益设置决定了声发射波形的放大倍数，增益设置的大

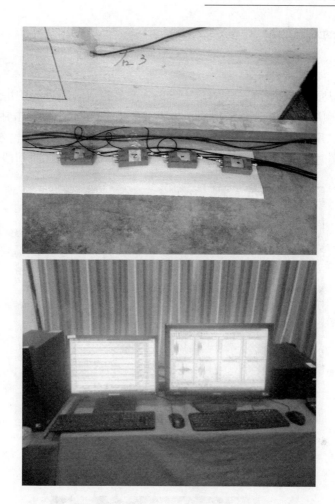

图 4-19 声发射系统调试

小应由监测的灵敏度以及门槛值决定。结合岩石试样特性，根据室内试压试验选取声发射参数设置，见表 4-7。

表 4-7 声发射试验参数

名 称	指 标	名 称	指 标
增 益	45dB	撞击定义时间	100μs
门 槛	20dB	采样时间	0.05s
撞击间隔时间	300μs	波形选择	突发波
采样频率	2MHz	触发电平	0.1V

4.3.3 试验实施与监测

4.3.3.1 开挖与监测

依据相似原理，得出 $C_t = \sqrt{C_l} = 8.94$，按照相似时间进行矿房开挖（见图 4-20），开挖顺序遵循图 4-21 矿房标识号码。采用 $\phi 28mm$ 电动冲击钻模拟矿房落矿，每个矿房开挖完毕后，间隔 3 小时，作为应力场平衡时间。开挖过程中，应力应变进行实时监测，矿房与矿房开挖间隔时间为声发射监测时间段。

图 4-20 冲击钻开挖矿房

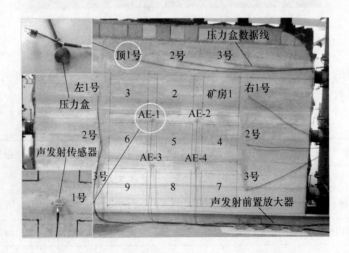

图 4-21 开挖矿房、压力盒、声发射探头标识

4.3.3.2 岩层强度弱化与监测

岩体强度弱化是导柱硬岩矿柱失稳的主要原因，由于矿柱的支撑作用，一般需要经过数年时间，当岩体强度弱化至临界值时，才可能发生失稳破坏。采用在模型顶部施加增量荷载的方法，表征相似材料强度弱化。第 9 个矿房开挖结束 6 小时后，按照 0.01kN/s 的加载速率进行竖向分级加载，每级荷载为 18kN，在下一级荷载加载前保持上级荷载 1800s，直至相似材料发生失稳破坏。加载过程中，应力应变与声发射进行实时监测。

5 采空区围岩破裂失稳规律与破坏机制

5.1 开挖过程中围岩应力应变与声发射演化规律

5.1.1 不同矿房开挖围岩应力监测分析

图 5-1 为开挖矿房顶部 1 号 ~ 3 号压力计监测数据变化曲线，图中 T_i 为矿房 1 ~ 9 开挖完毕对应的时间。开挖矿房顶部 3 个监测点应力都经历了先承压后卸压的变化过程。3 号监测点在矿房 1 开挖过程中压应力集中现象明显，最大压应力值为 16.99kPa；矿房 2 ~ 4 开挖过程中处于卸压状态，矿房 4 开挖后压应力值接近 0；矿房 5 ~ 9 开挖过程中处于拉应力集中过程，集中趋势平缓，最终应力值为 -2.76kPa。2 号监测点在矿房 1 和 2 开挖过程中压应力集中现象明显，最大压应力值为 16.25kPa；矿房 3 ~ 5 开挖过程中处于卸压状态，矿房 5 开挖后压应力值接近 0；矿房 5 ~ 9 开挖过程中处于拉应力集中过程，矿房 5 ~ 7 开挖过程中集

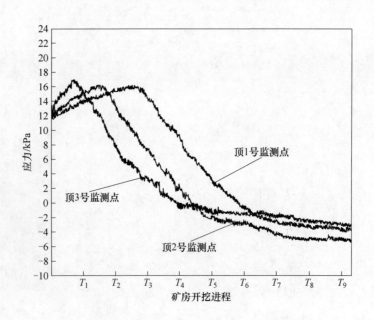

图 5-1 不同矿房开挖顶部应力测点数据变化曲线

中趋势明显，矿房8~9开挖过程中集中趋势平缓，最终应力值为 -5.09kPa。1号监测点在矿房1~3开挖过程中压应力集中现象明显，最大压应力值为16.03kPa；矿房4~6开挖过程中处于卸压状态，矿房6开挖后压应力值接近0；矿房7~9开挖过程中处于拉应力集中过程，集中趋势平缓，最终应力值为 -3.75kPa。

图5-2为开挖矿房右侧1号~3号压力计监测数据变化曲线。右侧1号监测点应力为受压状态，数值呈增长趋势，矿房1开挖应力集中效果明显，矿房4开挖应力集中效果次之，其他矿房开挖影响程度相当。右侧2号监测点应力在1~3矿房开挖时呈卸压状态，4矿房开挖后变为承压状态，5~9矿房开挖应力值呈增长趋势，矿房7开挖时应力集中效果明显。右侧3号监测点应力受1~3矿房开挖影响程度较小，4~6矿房开挖时呈卸压状态，7矿房开挖后变为承压状态，8~9矿房开挖应力值呈缓慢增长趋势。

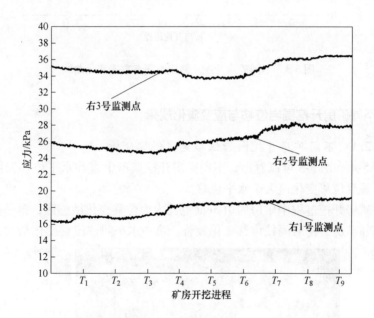

图5-2 不同矿房开挖右侧应力测点数据变化曲线

图5-3为开挖矿房左侧1号~3号压力计监测数据变化曲线。左侧1号监测点应力值在1、2、4、5、7~9矿房开挖时呈降低趋势，3和6矿房开挖时呈增长趋势，3矿房开挖应力集中程度大于6矿房。左侧2号监测点应力值在1~5、7~8矿房开挖时呈降低趋势，6和9矿房开挖时呈增长趋势，9矿房开挖应力集中程度较小。左侧3号监测点应力值在1~8矿房开挖时呈降低趋势，9矿房开挖时呈应力增长趋势，为承压过程。

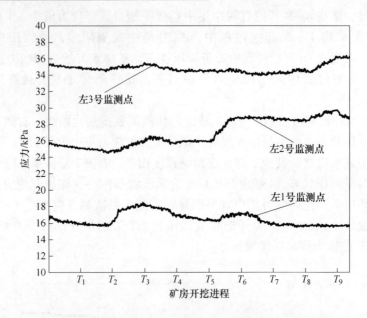

图 5-3 不同矿房开挖左侧应力测点数据变化曲线

5.1.2 不同矿房开挖围岩位移与应变演化规律

5.1.2.1 不同矿房开挖围岩位移变化规律分析

由图 5-4 和图 5-5 可以看出,不同矿房开挖典型垂直和水平位移云图变化规律类似,垂直位移变化值大于水平位移。

不同矿房开挖过程中矿房周边 3cm 范围内为位移变化敏感区,第一水平和第二水平相邻矿房开挖后间柱位移变化显著。第一水平间柱位移变化最大,第二水

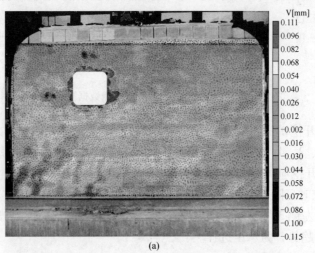

(a)

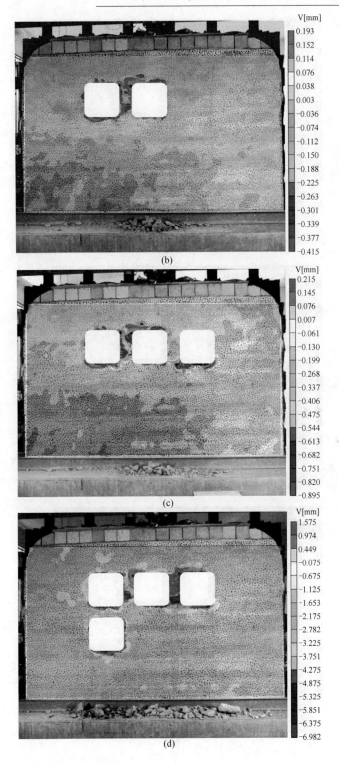

(b)

(c)

(d)

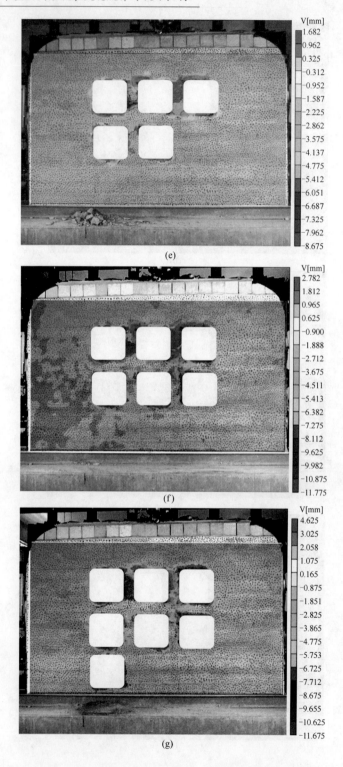

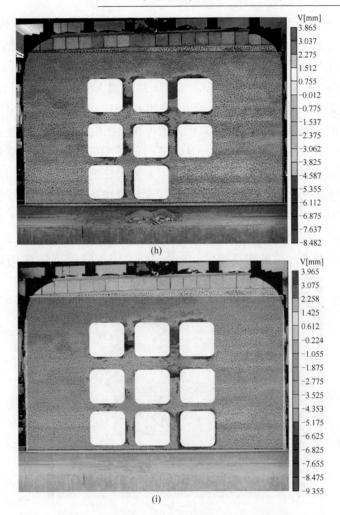

图 5-4 不同矿房开挖典型垂直位移云图

(a) 矿房 1 开挖；(b) 矿房 2 开挖；(c) 矿房 3 开挖；(d) 矿房 4 开挖；(e) 矿房 5 开挖；

(f) 矿房 6 开挖；(g) 矿房 7 开挖；(h) 矿房 8 开挖；(i) 矿房 9 开挖

平矿房开挖对其影响明显，第三水平开挖对其影响程度小于第二水平。上下水平相邻矿房开挖后，位移敏感区域位于矿柱中间位置，受间隔水平矿房开挖影响较小。

5.1.2.2 不同矿房开挖围岩主应变演化规律分析

由图 5-6 可以看出，不同矿房开挖过程中，围岩主应变敏感区域主要发生在矿房隅角与间柱位置，当相邻矿房开挖后，间柱的应力敏感区域增大，第一水平矿房开挖敏感区域面积和峰值增加幅度最大，第二水平次之。将 1 和 2 矿房间柱定为 1 号，2 和 3 矿房间柱定为 2 号，4 和 5 矿房间柱定为 3 号，5 和 6 矿房间柱定为 4 号，7 和 8 矿房间柱定为 5 号，8 和 9 矿房间柱定为 6 号，分析不同矿房开挖过程中间柱主应变影响情况。矿房 2 开挖后 1 号间柱主应变峰值增加 0.129；矿房 3 开挖后 1 号间柱主应变峰值增加 0.024，2 号间柱主应变峰值增加 0.157；矿房 4 开挖后，1 号间柱主应变峰值增加 0.153，2 号间柱主应变峰值增加 0.03；矿房 5 开挖后，1 号间柱主应变峰值增加 0.081，2 号间柱主应变峰值增加 0.192，3 号间柱主应变峰值增加 0.19；矿房 6 开挖后，1 号间柱主应变峰值增加 0.080，2 号间柱主应变峰值增加 0.041，3 号间柱主应变峰值增加 0.095；4 号间柱主应变峰值增加 0.317；矿房 7 开挖后，1 号间柱主应变峰值增加 0.121，2 号间柱主应变峰值减小 0.073，3 号间柱主应变峰值增加 0.102，4 号间柱主应变峰值减小 0.02；矿房 8 和 9 开挖后对 1~3 号间柱主应力影响显著，矿房 8 开挖后，1 号间柱主应变峰值增加 0.064，2 号间柱主应变峰值减小 0.042，3 号间柱主应变峰值减小 0.007；矿房 9 开挖后，1 号间柱主应变峰值增加 0.011，2 号间柱

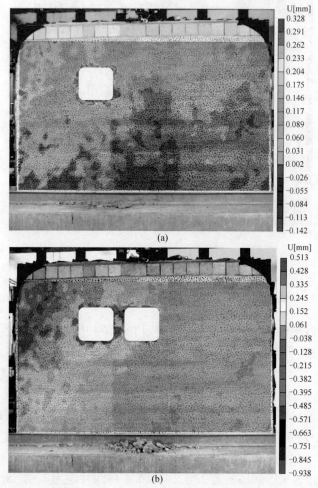

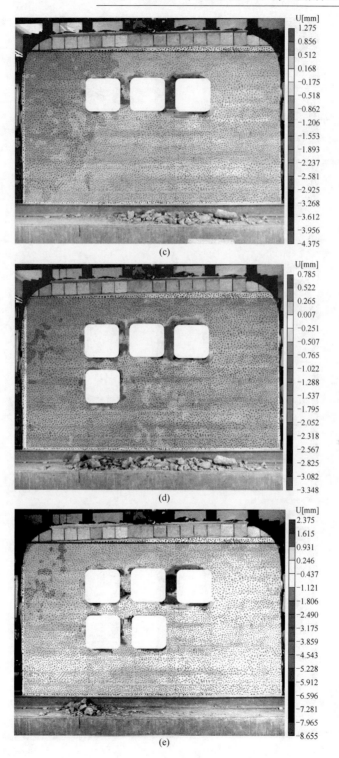

(c)

(d)

(e)

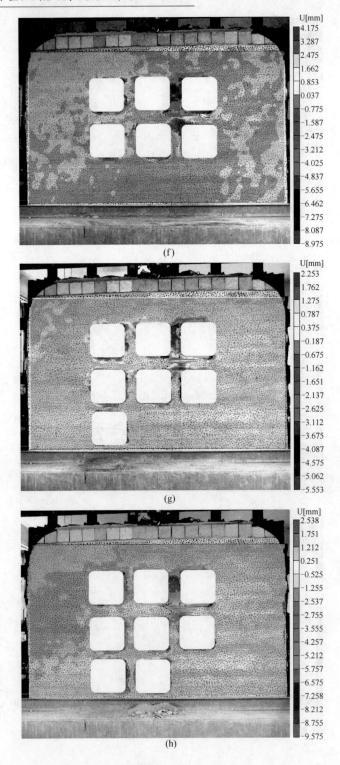

(f)

(g)

(h)

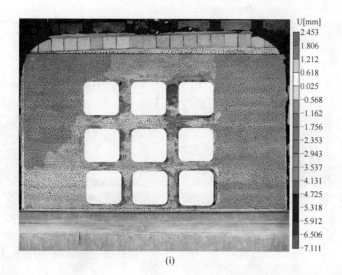

(i)

图 5-5　不同矿房开挖典型水平位移云图

(a) 矿房 1 开挖；(b) 矿房 2 开挖；(c) 矿房 3 开挖；(d) 矿房 4 开挖；(e) 矿房 5 开挖；

(f) 矿房 6 开挖；(g) 矿房 7 开挖；(h) 矿房 8 开挖；(i) 矿房 9 开挖

主应变峰值减小 0.191，3 号间柱主应变峰值减小 0.078。1~9 矿房开挖过程中，间柱围岩主应力处于动态调整状态，其中 1~3 号间柱主应力影响最大，1~3 号间柱主应力峰值分别为 0.712、0.708、0.696，围岩力学特性劣化程度严重。

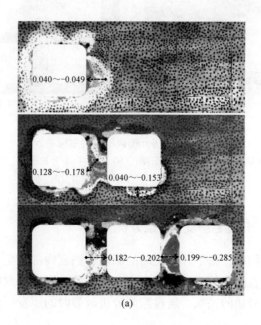

(a)

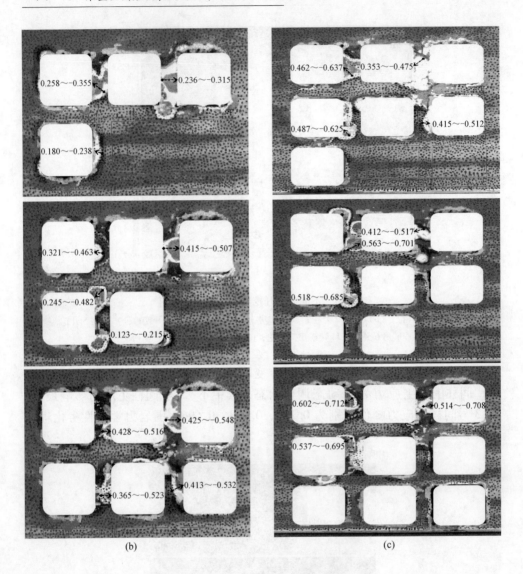

图 5-6 不同矿房开挖典型围岩主应变云图
(a) 矿房 1~3 开挖围岩主应力云图；(b) 矿房 4~6 开挖围岩主应力云图；
(c) 矿房 7~9 开挖围岩主应力云图

5.1.3 不同矿房开挖围岩声发射特征分析

在矿房开采过程中，由于开采扰动的影响，围岩内部原生裂隙扩展，新的裂隙不断萌生。伴随着能量的产生，出现声发射现象，围岩声发射活动与岩层自身性质及受力状态有密切的关系。通过监测分析破裂时的声发射信号，可得到围岩内部裂隙损伤演化规律，并可推导围岩宏观破坏机制。本次试验由于动态开挖过程中机械杂音较多，不宜进行声发射监测，故选取矿房开挖的间隔时间作为声发射监测时间段，分别提取九个矿房开挖完毕时的声发射特征数据，绘制声发射事件率、能率随时间变化的规律图，如图 5-7 ~ 图 5-15 所示。

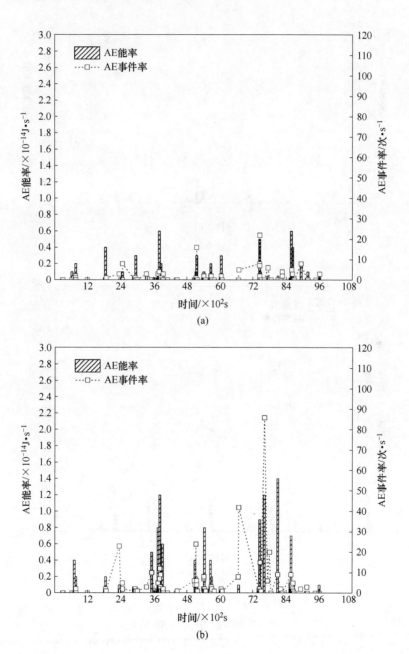

(a)

(b)

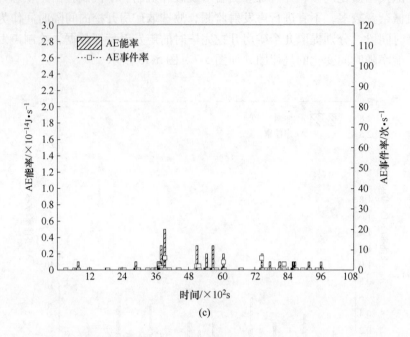

(c)

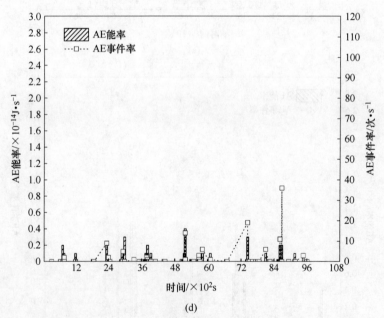

(d)

图 5-7　矿房 1 开挖后 AE 特征

(a) AE-1 特征；(b) AE-2 特征；(c) AE-3 特征；(d) AE-4 特征

矿房 1 开挖完毕，1 号~4 号声发射传感器均监测到 AE 信号，1 号、4 号传感器信号较弱，2 号传感器信号最强且在监测时间内出现多次强烈波动，在相同时间点的事件率均大于其他传感器，且在 7800s 时达到峰值（86 次/s）；3 号传感器信号极其微弱。主要是因为矿房 1 的开挖扰动使围岩内部产生了新的损伤，

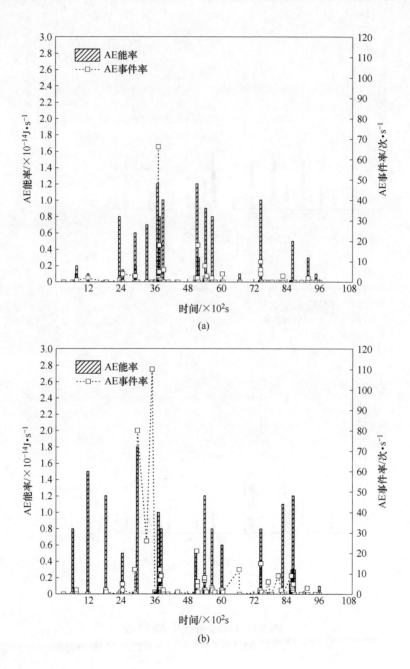

(a)

(b)

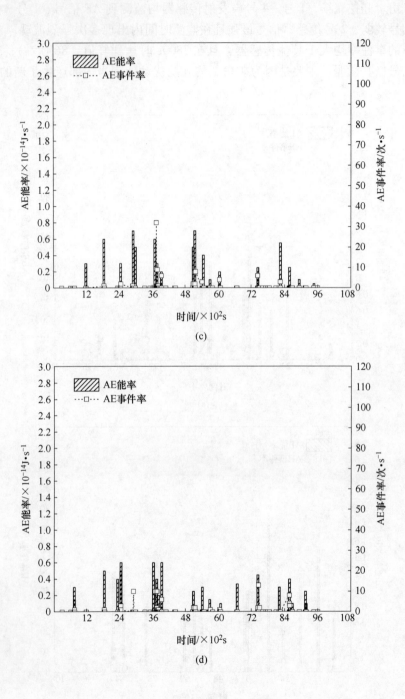

图 5-8 矿房 2 开挖后 AE 特征

(a) AE-1 特征；(b) AE-2 特征；(c) AE-3 特征；(d) AE-4 特征

开挖结束后损伤持续发展，释放能量，2 号传感器附近围岩受扰动影响最为强烈，故信号最强。

矿房 2 开挖完毕，2 号传感器信号继续保持最强状态，在 3500s 时高达 112 次/s，1 号传感器信号相比矿房 1 开挖结束时明显增强，3 号及 4 号传感器信号

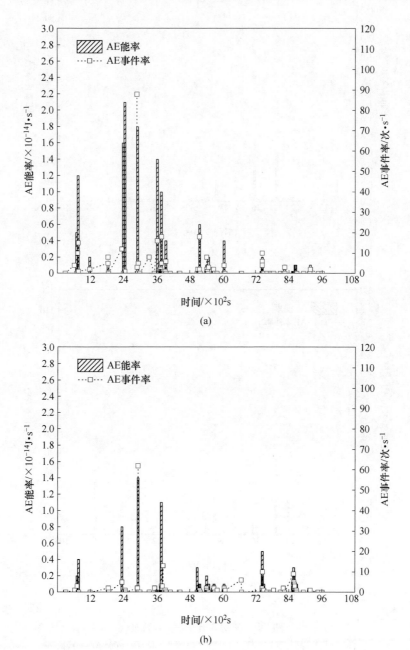

(a)

(b)

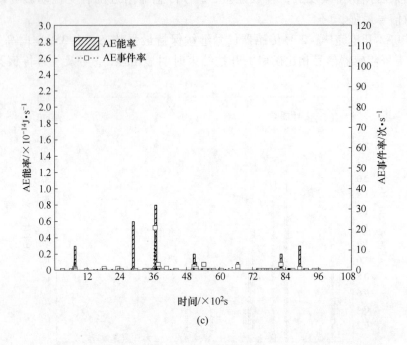

(c)

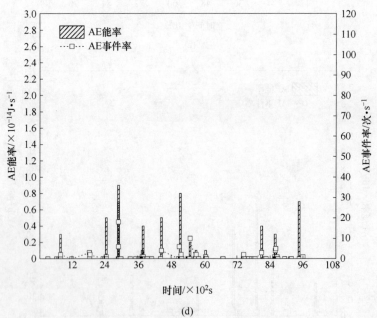

(d)

图 5-9 矿房 3 开挖后 AE 特征

（a）AE-1 特征；（b）AE-2 特征；（c）AE-3 特征；（d）AE-4 特征

较弱。矿房 2 在开挖过程中，对 1 号间柱产生了累积扰动作用，导致 1 号间柱内部损伤加剧，故 2 号传感器信号仍最强，3 号和 4 号传感器信号在扰动影响下也有所增强。

矿房 3 开挖完毕，相比矿房 1、2 开挖完毕时 1 号通道信号增强，2 号通道

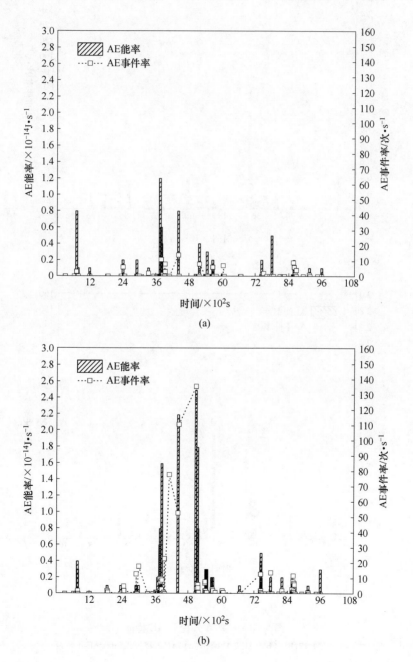

(a)

(b)

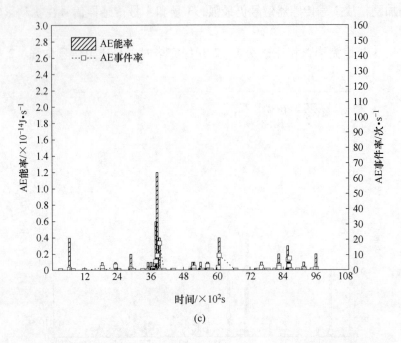

(c)

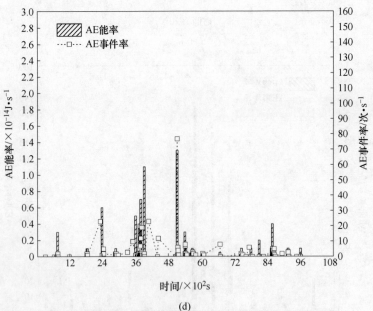

(d)

图 5-10　矿房 4 开挖后 AE 特征

（a）AE-1 特征；（b）AE-2 特征；（c）AE-3 特征；（d）AE-4 特征

信号有所减弱，3号、4号传感器信号仍旧处于较低状态。2号间柱受矿房2、3开挖扰动影响损伤加剧，而1号间柱受矿房3开挖影响相对较小，但不可忽略。

矿房4开挖完毕，2号传感器信号又回到最强，4号通道信号较弱，1号、

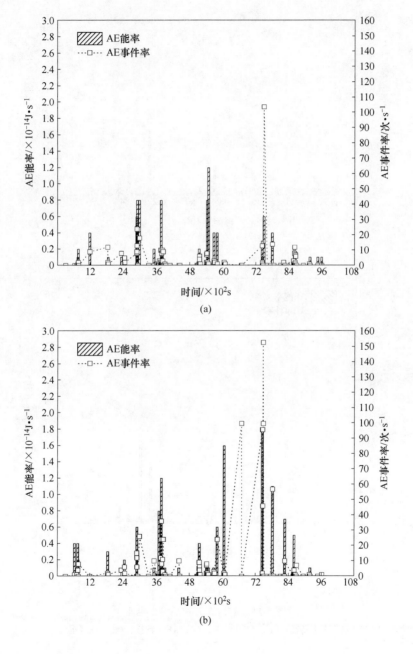

(a)

(b)

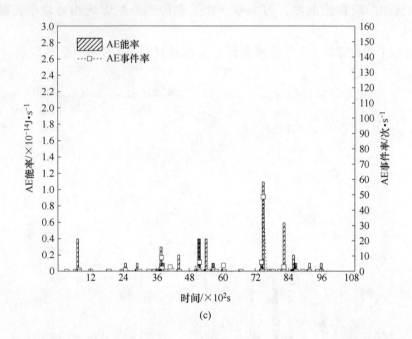

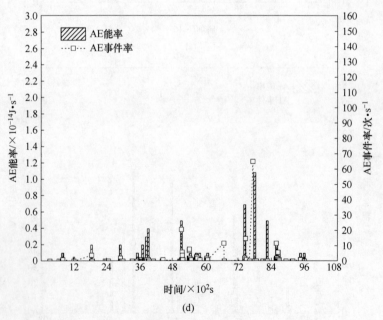

图 5-11 矿房 5 开挖后 AE 特征

（a）AE-1 特征；（b）AE-2 特征；（c）AE-3 特征；（d）AE-4 特征

3 号传感器信号更弱，表明矿房 4 开挖后，1 号间柱、3 号间柱及矿房 1 底柱内部损伤增多，受开挖扰动影响最明显，采空区其他围岩部分受开挖影响较小。

矿房 5 开挖完毕，2 号传感器信号仍居最强，1 号传感器次之，3 号、4 号传

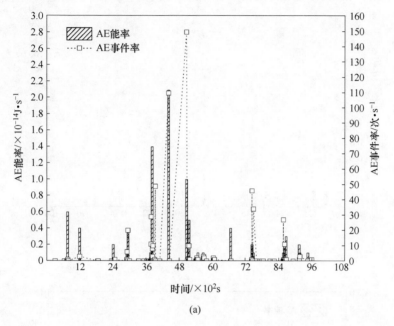

(a)

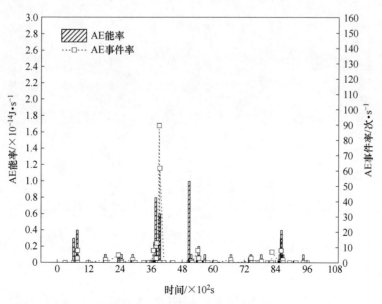

(b)

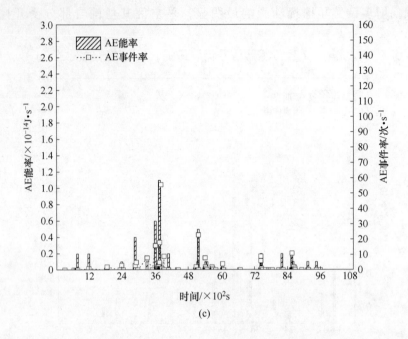

(c)

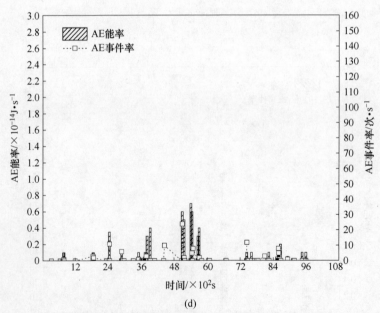

(d)

图 5-12 矿房 6 开挖后 AE 特征

（a）AE-1 特征；（b）AE-2 特征；（c）AE-3 特征；（d）AE-4 特征

感器初期信号较弱。主要由于在矿房 5 开挖时，1 号 ~4 号传感器附近的围岩均受到程度相当的扰动作用影响，但 2 号传感器位置处围岩受扰动次数最多，程度最大，损伤累积最为严重，此时 3 号传感器附近受扰动程度最小，累积损伤最弱。

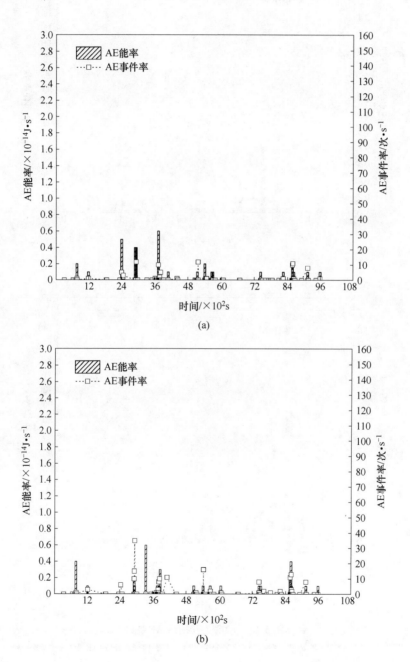

(a)

(b)

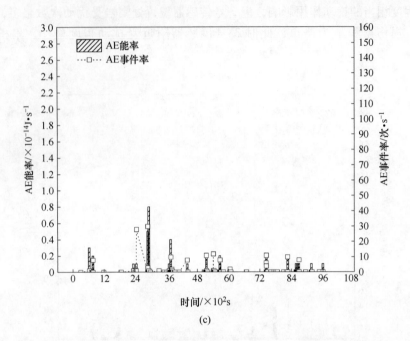

(c)

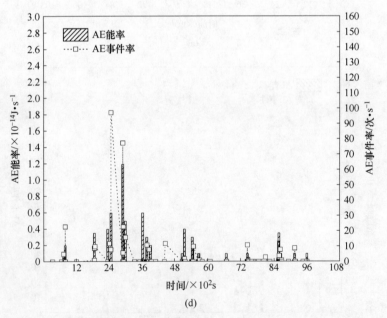

(d)

图 5-13 矿房 7 开挖后 AE 特征

（a）AE-1 特征；（b）AE-2 特征；（c）AE-3 特征；（d）AE-4 特征

矿房 6 开挖完毕，1 号传感器信号最强，2 号、3 号传感器信号较弱，4 号传感器信号最弱。开挖矿房 6 对 2 号间柱、4 号间柱及矿房 3 底柱扰动最强烈，导致其损伤进一步加剧，而对于其他部位扰动作用不明显。

矿房 7 开挖完毕，4 号传感器信号最强，事件率峰值处为 98 次/s，3 号传感

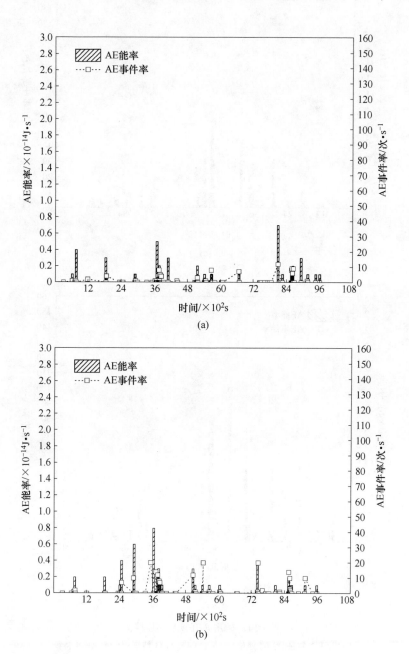

(a)

(b)

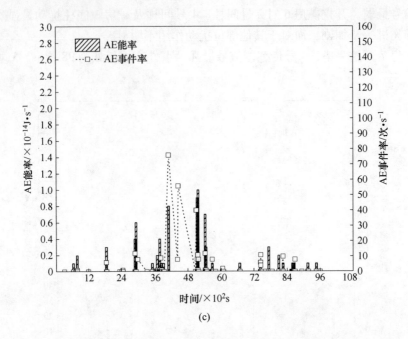

(c)

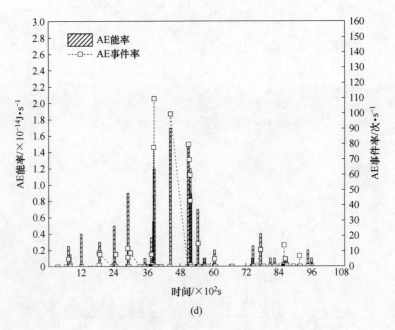

(d)

图 5-14　矿房 8 开挖后 AE 特征

（a）AE-1 特征；（b）AE-2 特征；（c）AE-3 特征；（d）AE-4 特征

器次之，1 号、2 号传感器信号较弱，事件率最大处仅为 34 次/s，表明此步开挖对第一水平扰动作用不明显，扰动损伤主要集中于所开挖矿房周围岩石中。

矿房 8 开挖完毕，各传感器信号分布情况与矿房 7 开挖完毕类似，但信号强度明显增大，表明矿房 8 的开挖对于相邻矿房和对角矿房均有较为强烈的扰动

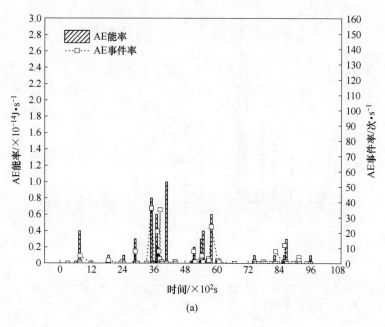

(a)

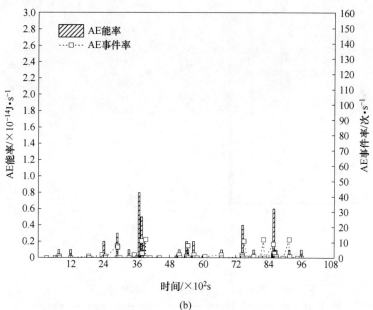

(b)

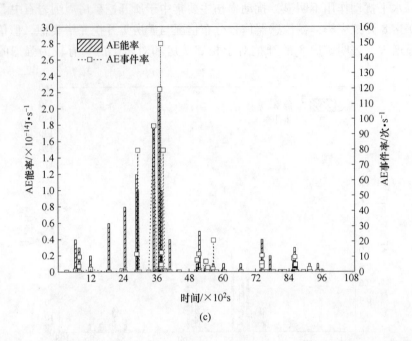

(c)

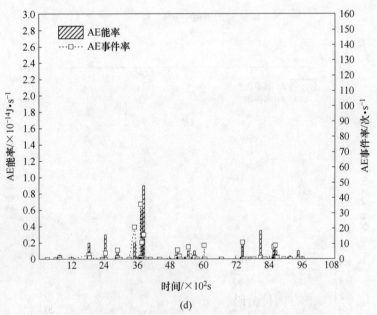

(d)

图 5-15 矿房 9 开挖后 AE 特征

（a）AE-1 特征；（b）AE-2 特征；（c）AE-3 特征；（d）AE-4 特征

影响。

矿房 9 开挖完毕，3 号传感器信号最强，2 号传感器信号最弱，结合矿房 8、9 开挖分析知第三水平矿房开挖对第一水平采空区影响较小，对第二水平影响较大。

综上所述，整个开挖过程 AE 信号不断地波动变化，表明采空区围岩处于不断产生损伤的过程中。随矿房开挖的进行，在采空区周围会产生回采扰动影响，从而导致围岩损伤的产生。相同水平和不同水平矿房开挖后都会产生相互扰动影响，在时间上，AE 特征参数表现出交替起伏变化特征；空间上，大损伤与小损伤区域交替出现，且随时间不断变化。通过进行不同开挖阶段采空区围岩介质 AE 损伤特征统计研究可为采空区动态扰动失稳预报提供线索。为直观表述多次开挖时的 AE 特征规律，提取 9 个矿房动态开挖过程中每个传感器在各个开挖步骤的累计能量数据，如图 5-16 所示，其中 T_i 代表第 i 矿房开挖完毕。矿房开挖完毕后，声发射传感器累计能量顺序为 AE-2 > AE-1 > AE-4 > AE-3，依次为 78.67×10^{-14} J、67.61×10^{-14} J、63.93×10^{-14} J、58.25×10^{-14} J。

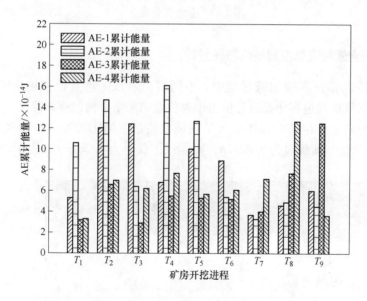

图 5-16 不同矿房开挖声发射传感器累计能量变化

5.2 岩层弱化过程中围岩破裂失稳特征分析

岩层弱化通过施加分级荷载来实现，在模型顶部应力补偿荷载的基础上，继续施加荷载直到围岩破裂失稳，共施加了 6 级荷载。将第②级至第⑤级荷载开始位置和空区顶板冒落位置设定为位移和应变分析时间点，如图 5-17 所示。

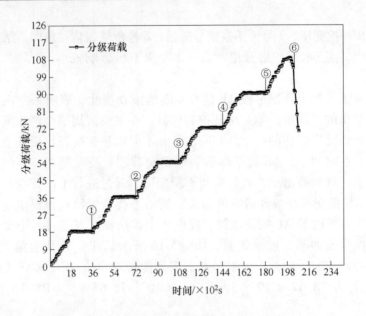

图 5-17 分级荷载曲线

5.2.1 围岩破裂失稳位移演化特征分析

图 5-18 为渐进多级加载过程中，不同载荷阶段的垂直位移场云图（单位：mm），前三级加载过程中，位移值由中央位置向采空区两侧逐渐降低，采空区两侧边缘出现向上的位移，整体分布呈现镜像特征。第①级加载最大竖向位移为 3.00mm，第②级加载时为 3.82mm，第③级加载时为 4.20mm。但由于在矿房开

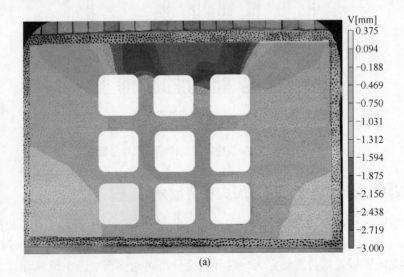

(a)

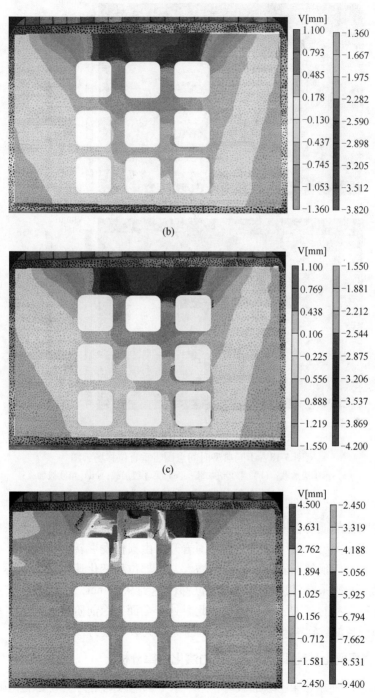

(b)

(c)

(d)

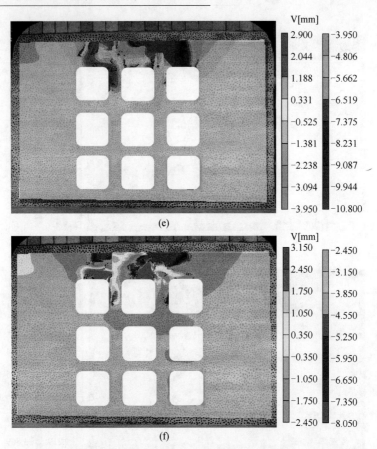

图 5-18 不同典型时间点围岩垂直位移场云图

(a) 第①级加载；(b) 第②级加载；(c) 第③级加载；(d) 第④级加载；

(e) 第⑤级加载；(f) 第⑥级加载

挖过程中间柱的损伤程度不同，导致弱化阶段承载能力有所差异，使采空区围岩局部位移变化突出。继续加载，空区围岩开始由损伤发展转向失稳破坏，第④级加载时，采空区顶部围岩位移值继续增大，局部位移变化速率增大，不再呈对称分布，第一水平采空区顶板围岩最大位移值达到 9.20mm，围岩初步宏观破裂开始，第⑤级加载时，围岩破裂加剧，此时处于全面失稳前阶段，最大位移处达到10.80mm，当加载到第⑥级荷载时，围岩完全失去承载力，发生垮塌。

5.2.2 岩层弱化过程采空区围岩应力演化规律分析

如图 5-19 所示，第①级加载时，第一水平采空区隅角为主应变变化敏感区域，为压应变，峰值为 0.034，其他区域无明显变化；第②级加载时，第一水平采空区顶部围岩应变范围增大，从采空区隅角扩大到间柱及顶板岩梁两侧位置，矿房 5 隅

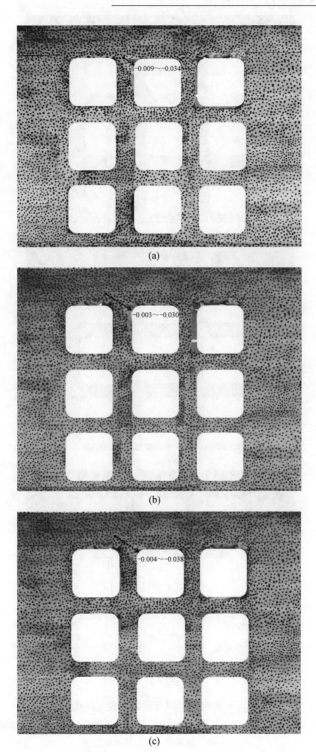

(a)

(b)

(c)

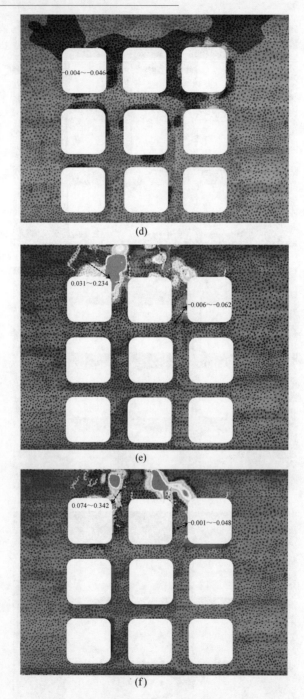

图 5-19　不同典型时间点围岩垂直主应力场云图

(a) 第①级加载；(b) 第②级加载；(c) 第③级加载；(d) 第④级加载；

(e) 第⑤级加载；(f) 第⑥级加载

角出现应变区，主应变峰值减小0.004；第③级加载时，主应变峰值增加0.008，矿房3底板围岩出现应变区，第二水平采空区隅角及顶板出现应变区；第④级加载时，主应变峰值增加0.008，第一水平采空区间柱及顶板为主应变变化最敏感区域，第二水平采空区顶底板围岩应变加剧，第三水平采空区围岩也开始应变区域；第⑤级加载时，第一水平采空区顶板围岩应变集中严重，主要承受拉应变，应变峰值为0.234；第⑥级加载时，拉应变峰值分别增加0.108。第①级至第④级加载围岩处于损伤、裂隙发展阶段，第⑤级和第⑥级加载围岩处于破裂失稳阶段。

5.2.3 围岩破裂失稳与声发射特征分析

图5-20为多级荷载施加过程中载荷、AE事件率与时间关系曲线，图5-21为多级荷载施加过程中载荷、AE能率及累计能量与时间关系曲线。多级荷载施加初期，即第①级荷载施加时，声发射信号较弱水平较低，AE事件率的峰值为196次/s，AE能率峰值为0.28×10^{-11}J/s，但大于动态开挖阶段事件率，AE累计能量处于平稳增长阶段，试验模型变化较小，表明采空区围岩具有较好的自稳能力，但在荷载作用下内部有少量微损伤。

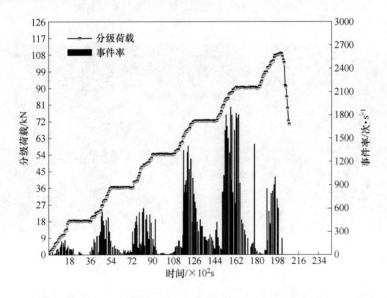

图5-20 分级加载过程中围岩AE事件率与时间关系

第①级加载过程中，声发射信号较弱水平较低，AE事件率的峰值仅为196次/s，AE能率峰值为0.28×10^{-11}J/s，但大于动态开挖阶段事件率，AE累计能量处于平稳增长阶段，围岩变化较小，表明采空区围岩具有较好的自稳能力，但在荷载作用下内部有少量微损伤，尤其是在动态开挖阶段损伤严重的1号间柱底部围岩开始有细小裂隙出现，如图5-22所示。

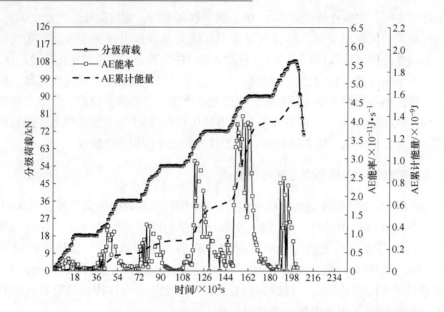

图 5-21 分级加载过程中围岩 AE 能率、累计能量与时间关系

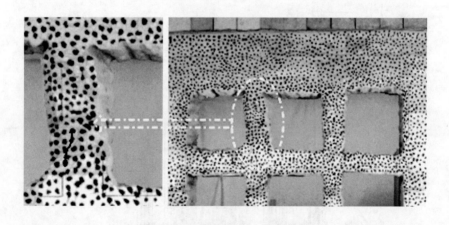

图 5-22 第①级加载结束后围岩破坏特征

随着第②、③级荷载施加，声发射水平有所提高，AE 事件率最高为 588 次/s 左右，能率最高为 1.21×10^{-11} J/s，累计能量变化曲线斜率有所增加，1 号间柱底部的裂隙以剪切裂纹向上延伸。第③级加载结束后，1 号间柱观察到宏观剪切裂纹带，但裂隙未延伸至顶底板围岩处，如图 5-23、图 5-24 所示。

在第④级荷载施加过程中，出现的声发射活动中突发型较多，AE 事件率及 AE 能率较之前加载显著提高，载荷施加到 60kN 左右事件率最大，为 1405 次/s，能率峰值处为 2.91×10^{-11} J/s，AE 累计能量变化曲线开始大幅度提升，主要是由于在此

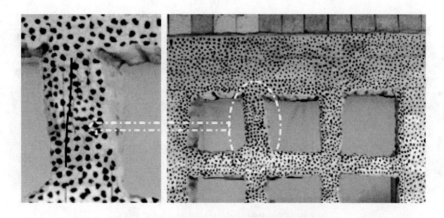

图 5-23　第②级加载结束后围岩破坏特征

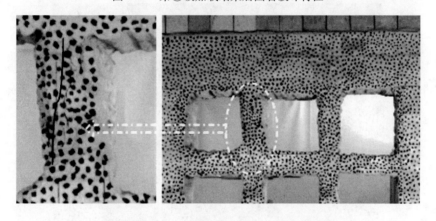

图 5-24　第③级加载结束后围岩破坏特征

加载阶段，1 号间柱的宏观剪切裂纹以稳定状态向深部扩展、交叉、汇合，同时矿房 2 顶板围岩中间和矿房 3 隅角位置围岩发生裂隙扩展，如图 5-25 所示。

在第⑤级荷载施加过程中，声发射活动急剧增多，AE 事件率最大可达 1910 次/s，AE 能率最大可达 4.13×10^{-11} J/s，AE 累计能量急剧增大、曲线斜率达到最大，表明此阶段采空区围岩变形处于突增时期，1 号间柱破裂加剧，由裂纹稳定发展转向不稳定破裂，直至完全贯通脱落，裂纹贯穿整个矿柱后，1 号间柱上形成了错动滑移面，之后出现剥离，沿滑移面大体积滑落。且应力由 1 号间柱向顶板岩层和 2 号间柱转移，导致矿房 2 顶板中部出现向上延伸的张拉破坏裂纹，第一水平采空区顶板围岩左侧产生一条范围较大的破坏裂纹，右侧出现破坏裂隙，采空区围岩所受荷载已接近其强度极限值，如图 5-26 所示。

继续加载到加载结束，监测到的声发射信号急剧降低，但仍比初期加载时高，AE 累计能量曲线上升平缓最后趋于水平。2 号间柱出现大的错动裂纹，1 号和 2 号

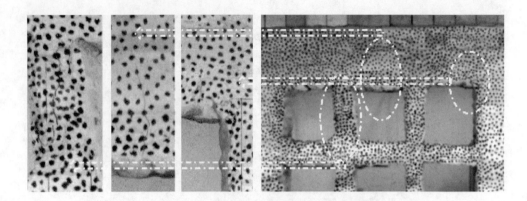

图 5-25 第④级加载结束后围岩破坏特征

图 5-26 第⑤级加载结束后围岩破坏特征

间柱完全破坏后失去支撑能力，直接导致第一水平采空区顶板围岩两侧裂纹增大，岩层弯曲，力学性质不断恶化，矿房 2 顶板中间裂纹发生贯通断裂，在重力的作用下，顶板岩层发生冒落，采空区贯通相连，在第一水平形成大的采空区，顶板岩层向采空区方向出现"弯曲—折断—垮落"的过程规律，如图 5-27 所示。

在多级荷载施加的整个过程中，声发射活动处于动态变化中，AE 事件主要集中在施加载荷的时间段，表明加载时，围岩内部有新的裂隙裂纹产生；多级加载过程每级载荷稳压时 AE 事件率明显较低，声发射处于较低水平，围岩内原有裂纹未发展、新生裂纹少。但当继续下一级加载时声发射水平相比之前明显增强，表明随载荷的增加，围岩强度逐渐弱化，内部损伤加剧，新的裂隙裂纹产

图 5-27 第⑥级加载结束后围岩破坏特征

生，直至最后失稳破坏。

5.3 围岩破裂失稳机理

5.3.1 围岩损伤阶段

矿房开采导致采空区围岩应力重新分布，多层矿房开挖形成采空区群是一个复杂的应力演变演化过程。第一水平矿房开采过程中，矿房顶板先承压后卸压，最终形成拱形卸压区（图中用"＋"表示）。卸压区内岩层受拉力作用，将承受荷载转移到间柱上，到时间柱顶部围岩形成拱形承压区（图中用"－"表示）。矿房开挖初期，围岩所受扰动次数较少，空区间柱及顶板围岩损伤程度小，采空区顶部承压区、卸压区均匀分布，各区范围大小相当，如图 5-28 所示。随着水平和垂直相邻矿房开挖，空区围岩承受来自多个方向的多重扰动作用，围岩损伤加重，导致矿柱承载能力减弱，尤其是 1 号、2 号、3 号间柱，围岩力学特性劣化严重。由普氏压力拱理论可知，矿房的宽度及矿岩体的强度可以决定应力拱范围的大小，故承压区和卸压区范围上升扩大，矿房 2 顶板卸压区最大，1 号间柱承压区大于 2 号间柱。空区围岩自稳能力较强，处于稳定状态，如图 5-29 所示。

5.3.2 围岩大变形阶段

在岩层弱化过程中，围岩承载能力逐渐降低，受动态开挖扰动损伤严重的 1 号、2 号间柱变形加剧，1 号间柱底部区域产生宏观裂隙，应力拱增大发生重叠，形成Ⅰ（＋＋）和Ⅱ（＋＋）复合卸压区，如图 5-30 所示。

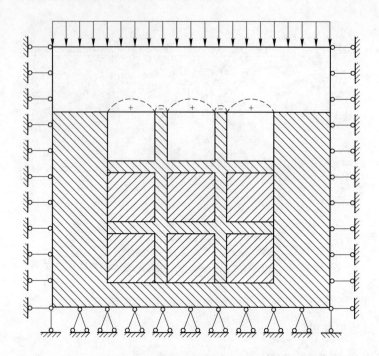

图 5-28 矿房开挖初期围岩应力特征简图

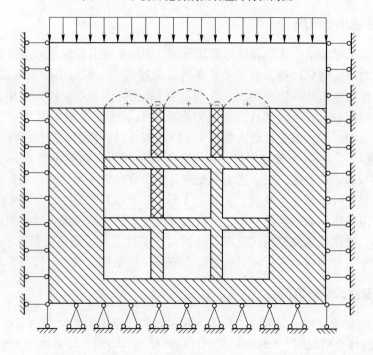

图 5-29 多水平矿房开挖后围岩应力与损伤特征简图

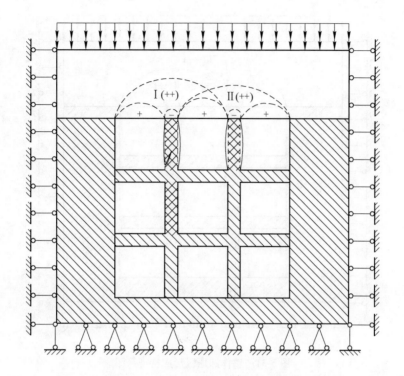

图 5-30 复合卸压区形成力学特征简图

随着荷载的增加，在围岩损伤严重区域产生裂隙并迅速扩展。1 号间柱发生贯通的剪切裂隙带，2 号间柱产生宏观裂隙，3 号间柱变形增大显著。此阶段矿柱应力集中显著，产生连锁效应，复合卸压区域增大，形成Ⅲ（＋＋＋）整体卸压区，如图 5-31 所示。

5.3.3 围岩失稳垮塌阶段

顶部荷载继续增加，1 号间柱发生剪切滑移，失去承载能力，围岩承受荷载发生转移，2 号间柱变形加大，裂隙快速发展。整体卸压拱增大，区域内拉应力增大，顶板岩层中部断裂加剧，左侧采空区隅角上部发生向内回转断裂，右侧裂隙开始扩展，如图 5-32 所示。

最后加载阶段，1 号间柱与 2 号间柱均完全失稳破坏，空区顶板整体卸压区增大，围岩的拉应力集中现象明显，原有裂隙发生张拉断裂。卸压拱两侧拱腰处岩体在拉压复合应力的作用下加剧了断裂失稳。最后在荷载及重力的作用下，围岩失去成拱效应，顶板岩层整体向下垮塌，如图 5-33 所示。多级加载过程中的围岩运动过程如图 5-34 所示。

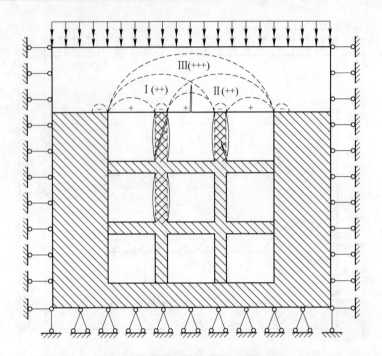

图 5-31 整体卸压区形成特征简图

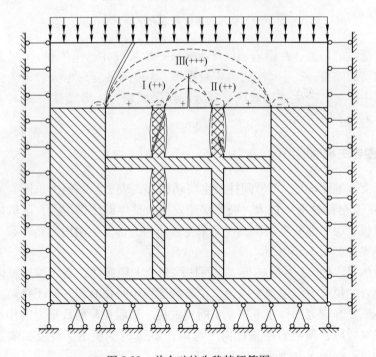

图 5-32 单个矿柱失稳特征简图

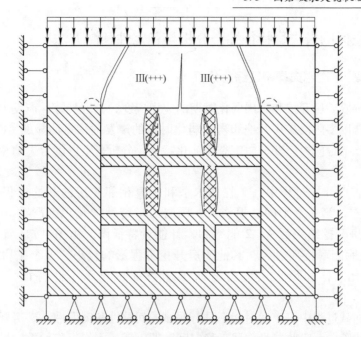

图 5-33 围岩失稳冒落特征简图

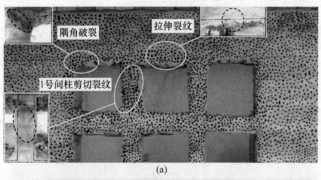

(a)

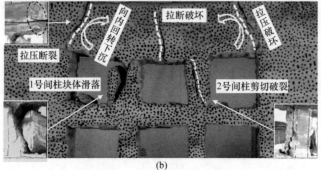

(b)

图 5-34 采空区围岩运动过程

(a) 加载初期；(b) 加载后期

5.4 采空区围岩失稳特征综合分析与稳定性预测方法

5.4.1 采空区围岩失稳特征综合分析

对多阶段矿房开挖和岩层弱化时期的应力应变、微宏裂隙、声发射信息进行综合分析。以多阶段矿房开挖和岩层弱化时期的声发射信息明显的 AE-2 能率数据为主线,结合应力应变、微宏裂隙演化特征,分析采空区围岩失稳相关信息的关联性。

不同矿房开挖过程中,矿柱在水平和垂直相邻矿房的开挖过程中发生多重叠加损伤,第一水平间柱损伤大,围岩力学特性劣化程度严重。如图 5-35 为不同矿房开挖结束后 AE-2 能率和累计能量特征图。由图可知,矿房 1、2、3、5 开挖后能率特征显著,其他矿房开挖进程影响较小。多个矿房开挖结束后围岩垂直位移和最大主应力分布云图特征也显示了此特征,如图 5-36 所示。

多级加载过程中,声发射能率具有明显的间歇性和突发性。矿房开挖初期围岩处于损伤阶段,吸收能量,属于稳定间歇期。随着围岩损伤加重,导致矿柱失稳,顶板冒落,进入破坏突发期,如图 5-37 所示。

由图 5-35 和图 5-37 数据组合简化成 AE-2 累计能量与矿房开挖和加载进程关

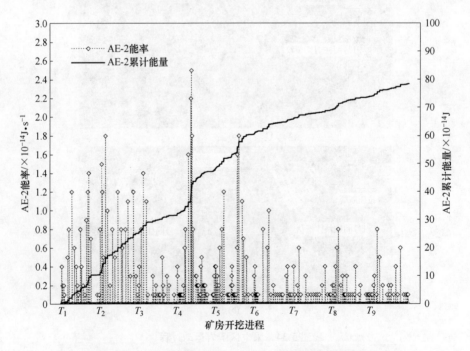

图 5-35 不同矿房开挖结束后 AE-2 能率和累计能量特征

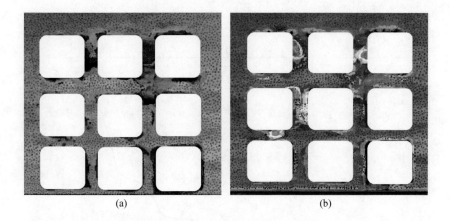

图 5-36 多个矿房开挖结束后围岩垂直位移和最大主应力分布云图

（a）垂直位移分布云图；（b）最大主应力分布云图

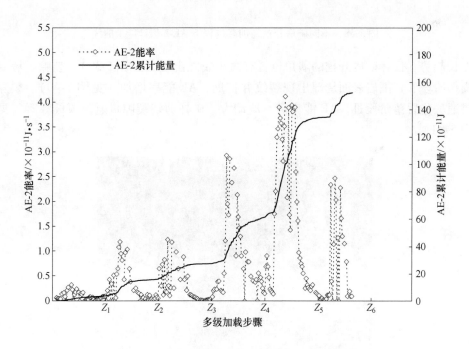

图 5-37 多级加载过程 AE-2 能率和累计能量特征

系，如图 5-38 所示。根据 AE-2 累计能量曲线斜率可将采空区围岩失稳过程分为三个阶段。Ⅰ 为弹性变形低损伤阶段，Ⅱ 为裂隙扩展高损伤阶段，Ⅲ 为裂隙贯通失稳冒落阶段。

弹性变形低损伤阶段 Ⅰ，围岩表面无明显裂纹出现，AE 能率稀少，呈逐渐

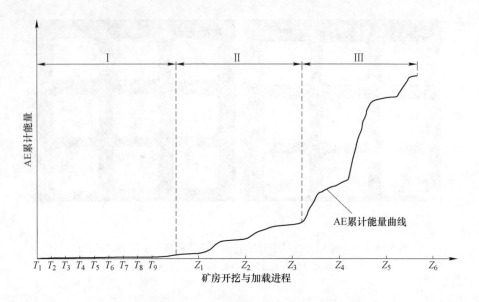

图 5-38 不同矿房开挖与加载进程下 AE-2 累计能量曲线

增长趋势，仅在矿房开挖的隅角位置有微小裂隙出现（见图 5-39）。裂隙扩展高损伤阶段 II，围岩表面局部出现裂纹并扩展，AE 能率增加（见图 5-40）。裂隙贯通失稳冒落阶段 III，AE 能率高、波动大，矿柱剪切裂隙贯通，顶板冒落（见图 5-41）。

图 5-39 弹性变形低损伤阶段典型图

图 5-40 裂隙扩展高损伤阶段典型图

图 5-41 裂隙贯通失稳冒落阶段典型图

5.4.2 采空区围岩稳定性预测预警方法

通过分析多阶段矿房开挖和岩层弱化时期的应力应变、微宏裂隙、声发射综合信息，得出声发射信息、应力应变、微宏裂隙演化特征之间具有一致性或相关性。总结微宏裂隙信息，分析 AE 与应力应变数据突变点，获取采空区围岩失稳破坏的前兆信息。确定围岩失稳冒落预警时间，提出采空区围岩稳定性预测预警方法，具体步骤如图 5-42 所示。

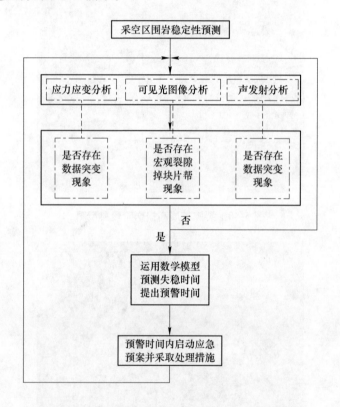

图 5-42 采空区围岩稳定性预测预警方法流程图

对现场采空区围岩收集的应力应变、可见光图像、声发射监测数据进行分析处理，确定是否存在宏观裂隙、掉块与片帮现象，是否存在数据突变现象。如果存在上述现象，对数据运用数学模型计算，预测失稳时间，提出预警时间。启动预警后，撤离现场工作人员和设备，并在短时间内采取有效的控制措施。通过分析采取措施后的应力应变、可见光图像、声发射监测数据，上述现象消除后，预警解除。

采用多种监测手段预测采空区围岩稳定性的可靠性、规律性以及准确性要高于单一监测手段。在现场监测位置、技术以及经济允许情况下，应尽量采用多种监测手段，这样可以提高空区灾害预报的准确性。

6 典型采空区群声发射监测

典型铁矿山经十几年的开采，由于技术条件差，单纯追求经济效益等原因，滞留了大量采空区。这些采空区规模大，时间长，容易冒落坍塌，一旦发生大范围坍塌，采空区内的空气会突然涌出，形成空气压缩冲击波，严重威胁井下工作人员的生命安全。为避免空区大面积塌陷形成的空气压缩冲击波对生产区的人员和设备造成灾难性后果，矿方经已对现有采空区实施了封堵。但没有从根本上消除安全隐患，由于空区塌陷地压灾害受地质条件、岩石性质、开采年限等多种因素影响，有很多的不确定性，而且塌陷过程往往是突发的，其造成的严重后果很难预料，若能安设完善的空区地压活动监测系统对矿山采空区地压进行全天候监测，及时掌握空区围岩地压活动状态，研究和分析空区地压活动规律，掌握空区塌陷征兆及塌陷前岩石声发射信号特征，能准确的预测和预警，可有效地防止人员和设备免受空区地压灾害，保护矿山企业生命和财产免受损失。

6.1 采空区群稳定性监测系统

6.1.1 监测系统的选择

金属矿山采空区稳定性监测的方法很多，可归纳为机械法、电测法、光测法和声测法。在实际工程中，主要是针对矿山工程的特点，选择性地采用。对于金属硬岩矿山而言，国内外普遍采取以多通道声发射/微震监测为主，应力和位移监测为辅，即采取声发射定位系统和应力应变监测仪器等设备，实现对地压危害的有效监控，多种手段同时实施，相互印证的方式进行。声发射波形参数在岩体破坏之前就产生变化，他们能反应有关岩体特性的信息，以声发射参数为预报指标能够对岩体破裂与冒落提前预报，以便采取安全措施。岩体声发射监测并结合应力位移监测可以提前反映岩体内部早期的破裂情况和发展趋势，能够有效监测地压动态，在矿山多层开采的复杂条件下，利用多通道监测系统等手段进行声发射监测，以此对矿山地压灾害进行预报预警。另外，从监测系统的可靠性和经济技术方面考虑，国外的系统价格高、售后维护服务费用高，系统及软件是全英文的，操作不方便，而国产技术设备已经成熟，价格低廉，服务方便，能够满足地压监测的要求。

通过走访已具有采空区稳定性监测系统的矿山和研究国内外文献，确定矿山以声发射为监测手段，建立监测网络，采用光缆（或信号线）连接，建立地表联网的监测站，实现各种监测数据在地面同步监控。

6.1.2　声发射监测系统的特点

STL-12 多通道声发射监测定位系统是在 SDL-1 型声发射监测定位系统的基础上大幅度改进，并重新进行功能设计而成。仪器的中心处理单元是奔四高可靠性的工控主板，以 12 道高速同步并可超前或延时触发的 A/D 板为模数转换接口，同时配有 12 道程控放大，程控通频带，程控触发电平（八级）的放大板与工控专用电源及其辅助电路而成。在软硬件的有机结合的基础上，仪器极大地提高了对现场监测点附近噪声的抑制能力，较理想地解决了被测体各向异性对定位精度的影响，从而大幅度提高了分析结果的准确性。该系统可用于对大范围岩体工程进行岩体分类、岩体稳定性分析、冒顶片帮预测预报、矿山大面积地压综合分析，以及各种振动频率与声波测试、地质结构和空区探测等方面；通过电话拨号，可以实现远程启动（关闭）数据采集机、远程采集数据、远程设置参数，操作界面友好、形象直观，主要技术指标见表 6-1。

表 6-1　STL-12 多通道声发射监测系统技术参数

序　号	主　要　参　数	参　数　依　据
1	定位误差	±3m
2	通道数	12 通道
3	分辨率	6bit
4	精　度	1/2LSB
5	频率影响范围	1～25Hz
6	触发方式	12 道超前或延时同步触发
7	采样频率	>50kHz
8	触发延时	-4096～+4096X 采样间隔

系统中还包含了岩体各向异性对声波传播特性的影响的综合处理技术和灾害预报算法和预测模型。在 ROM 中，采用了 Markov 过程和灰色理论等算法和预测模型，为灾害预报提供了多项比较手段。在冒顶预报的研究中，采用灰色系统理论建立了采场顶板冒落时刻 AE 参数值的预测模型，从而使得岩体破坏时刻的声发射参数值的获得在不耗费工程的条件下成为可能，对多个顶板冒落时刻的 AE 参数预测值进行优化，可以确定相应的冒顶时刻的 AE 参数临界值。采场冒顶时刻的数据预测技术以 AE 参数临界值作为采场冒顶预报判据，运用灰色系统理论的数据预测方法预报某一采场的冒顶时间。采场冒顶预报的灾变预测技术对于积累了一定量的采场冒顶声发射预报资料的矿山（体），采用灰色理论的灾变预测

方法可以对矿山（体）进行全局性的灾害（冒顶、片帮）预报，配合单个采场的数据预测，使预报工作更准确可靠。

6.2 采空区群稳定性监测方案

6.2.1 监测目标与技术路线

6.2.1.1 监测目标

根据典型矿山开采现状，在矿房周围留有大小不等的矿柱，矿柱对采空区有一定的支撑作用。在长期的地压作用下，局部发生蠕变或破坏，从而引起采空区冒落。由此可见，为了下一步安全生产需要，针对矿柱附近的监测尤其显得重要。

6.2.1.2 监测技术路线

针对井下采空区的塌落危害，主要进行采空区围岩及其矿柱地压活动监测，基本技术路线为：现场调查→地压监测网建立→实时监测→数据分析→预测预警。

目前主要手段：采取声发射定位系统，实现对地压危害的有效监控。声发射连续监测方法：采用多通道声发射定位系统对某一区域实施连续监测，利用到达各探头的时差和波速关系可确定震源位置，从而评价、预测岩体的破坏位置，及时掌握地压发展的动态规律。

连续监测方法：采用长沙矿冶研究院研制的 12 通道 STL-12 型声发射监测系统对某一区域实施连续监测，从而评价、预测岩体的破坏范围，及时掌握地压发展的动态规律，便于矿山制定安全生产计划。硬件由地表监测站、井下数据交换中心和传感器三个部分组成，如图 6-1 所示。

6.2.2 监测网点确定与布设

矿山采用浅孔留矿法采矿，采场垂直走向布置，矿块宽度 16m，矿块长约 40m 左右。经过多年的采矿，滞留大量采空区。根据监测技术路线，布置 12 个通道的声发射监测系统。为了充分发挥声发射监测系统的作用，将有限的传感器应用于危险性较大的采空区，运用有限元软件计算采空区危险敏感区域，优选传感器的布设位置。

6.2.2.1 危险敏感区域揭示

采用大型有限元分析软件进行数值分析，选用 4 节点实体单元对岩层进行了三维数值模拟计算，通过结果分析确定既有空区对围岩的影响敏感区，为监测方案提供技术基础支撑。

A 模型设计

依据弹塑性理论和工程类比，计算模型范围的选取通常由开挖空间的跨度和

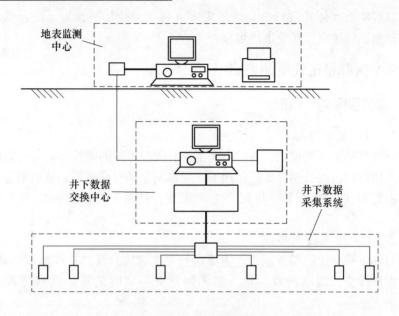

图 6-1   监测系统示意图

高度确定：外边界左右取跨度的 3～5 倍，上下取高度的 3～5 倍，在所取范围之外可认为不受开挖等施工因素的影响，即在这些边界处可忽略开挖等施工所引起的应力和位移。同时，保证模型不出现刚体位移及转动。

根据矿山采空区情况确定模型长和宽 1500m，高 800m，模型有 40907 个节点，354531 个单元。本构模型采用德鲁克-普拉格（Drucker-Prager）准则，围岩参数详见第 2 章表 2-2，数值模型如图 6-2 所示。

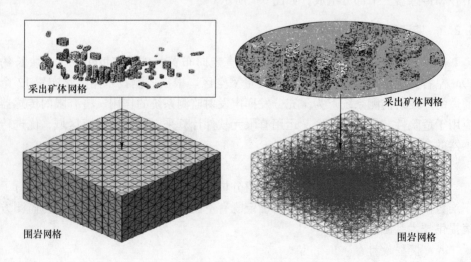

图 6-2   数值分析模型

B 结果分析

模拟步骤为初始应力，矿房开挖，围岩敏感区域分析，提取不同水平的位移、应力和最大剪切应变云图，进行分析。

（1） +20m 水平模拟结果与分析（见图 6-3 ~ 图 6-9）。

图 6-3 水平 X 方向位移云图

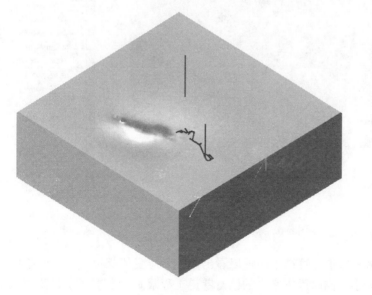

图 6-4 水平 Y 方向位移云图

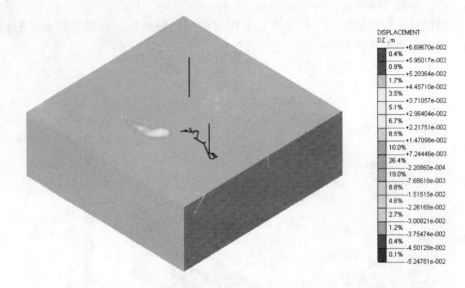

图 6-5 垂直 Z 方向位移云图

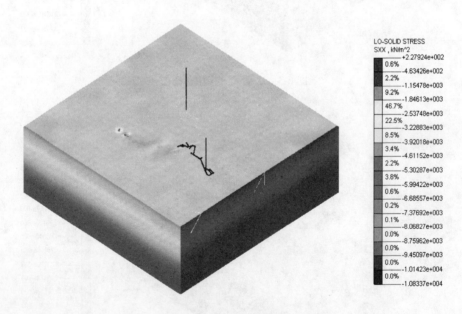

图 6-6 水平 X 方向应力云图

根据 +20m 水平模拟计算结果图可以看出位移、应变值都很小，说明空区对本水平围岩影响较小，同时因本水平的已有巷道工程限制，本水平布置监测点难度较大。

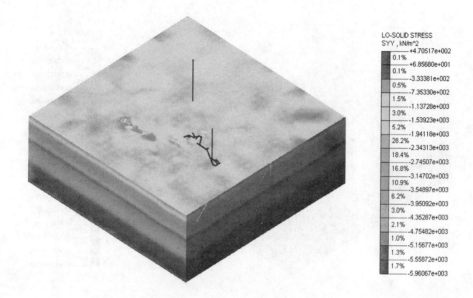

图6-7 水平 Y 方向应力云图

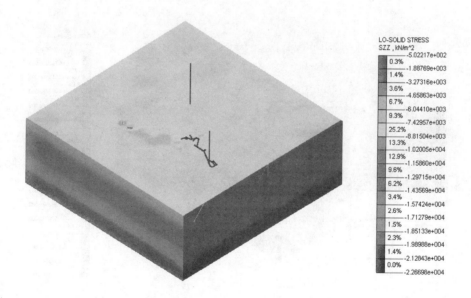

图6-8 垂直 Z 方向应力云图

（2）-85m 水平模拟结果与分析（见图6-10~图6-16）。

根据-85m 水平模拟计算结果图可以看出位移值不大，但应变值较大，特别是下中段-130m 水平空区顶板对应的位置应力集中明显，应变值较大。

图 6-9   最大剪切应变云图

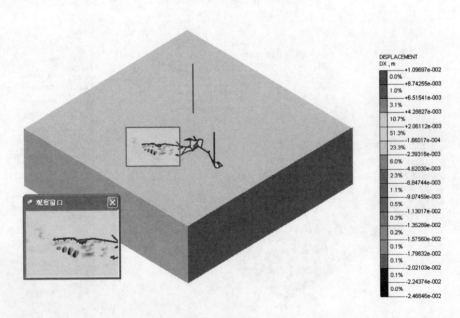

图 6-10   水平 X 方向位移云图

这说明 −85 m 水平以下采场空区对本水平围岩影响较大，在空间上形成上下中段应力叠加效应，应力集中程度大，且本中段空区规模大、数量多，分布较为集中，开采时间长，容易塌陷冒落，造成空区地压灾害，故本中段空区

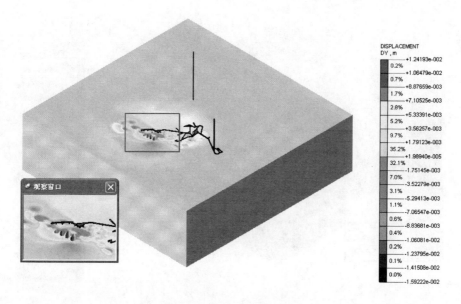

图 6-11　水平 Y 方向位移云图

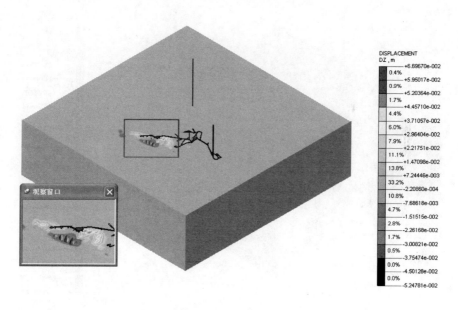

图 6-12　垂直 Z 方向位移云图

属于监测的敏感区域，应重点监测。因此，在本水平布置监测点较为合理，监测点的具体位置应根据本水平计算结果同时结合已有巷道工程的现场情况来布置。

（3）-130m 水平模拟结果与分析（见图 6-17 ~ 图 6-23）。

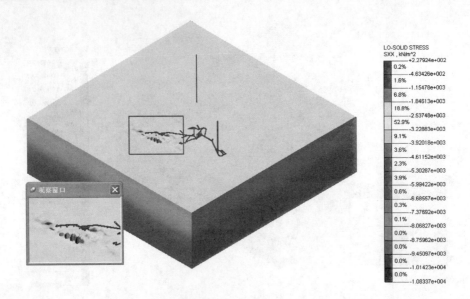

图 6-13　水平 X 方向应力云图

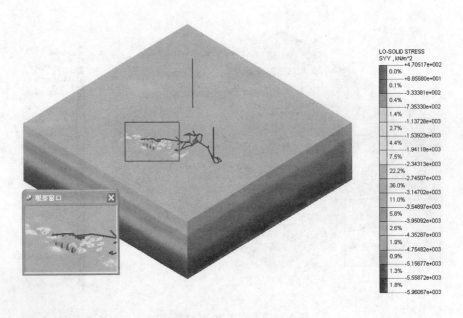

图 6-14　水平 Y 方向应力云图

根据 -130m 水平模拟计算结果图可以看出位移值不大，但空区底板和间柱位置应变值较大，特别是下中段空区顶板对应的位置应力高度集中，应变值较大。这说明 -130m 水平以下采场空区对本水平围岩影响较大，在空间上形成上

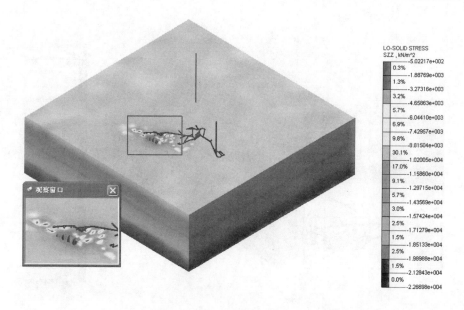

图 6-15 垂直 Z 方向应力云图

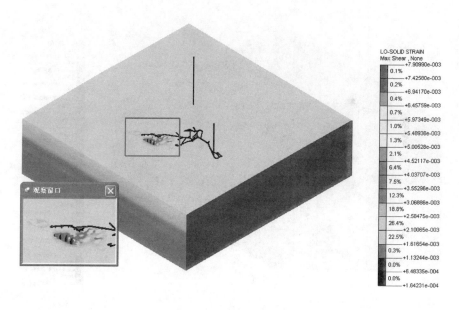

图 6-16 最大剪切应变云图

下中段多重应力叠加效应，应力集中程度大，且本中段空区规模大、数量多，分布较为集中，开采时间较长，－130m 水平有生产采场、泵房、提升硐室、运行着运输设备、行人较为频繁，一旦空区塌陷冒落，会对生产区及运输巷道、硐室

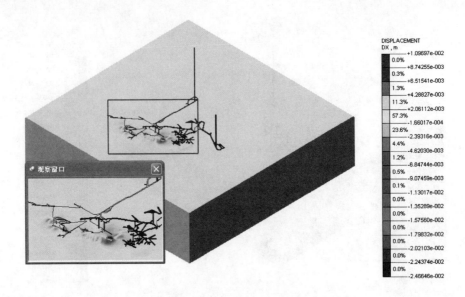

图 6-17 水平 X 方向位移云图

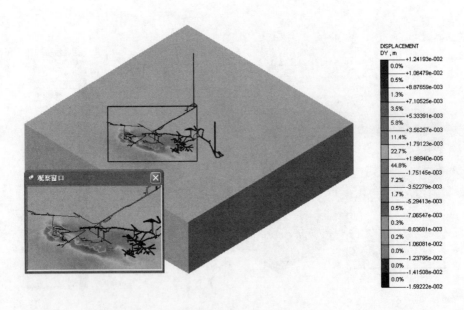

图 6-18 水平 Y 方向位移云图

等造成严重的空区地压灾害,故本中段空区属于监测的敏感区域,是重点监测的对象。因此,在本水平布置监测点是必要的,监测点的具体位置应根据本水平计算结果同时结合已有巷道工程的现场情况来布置。

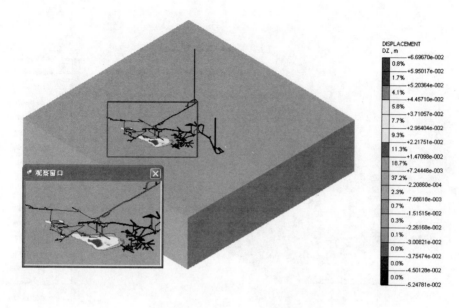

图 6-19　垂直 Z 方向位移云图

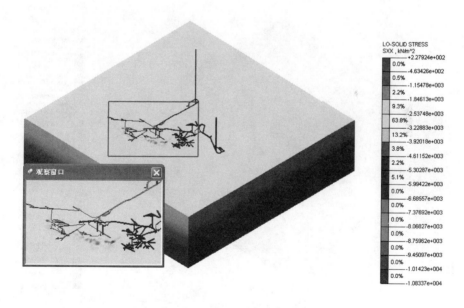

图 6-20　水平 X 方向应力云图

6.2.2.2　传感器布置

根据有限元法模拟的敏感区域分析同时结合矿山已有水平巷道工程，根据监测点布置接近敏感区域和施工方便的原则。在 −85m 水平布置 6 个传感器，

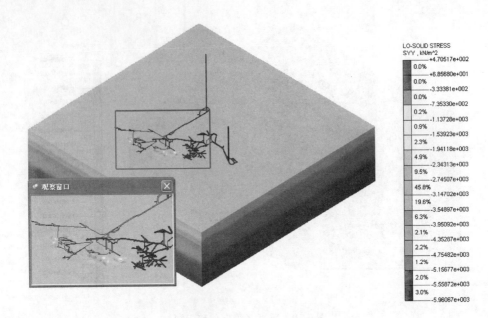

图 6-21 水平 Y 方向应力云图

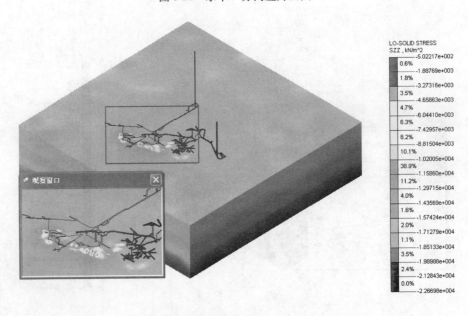

图 6-22 垂直 Z 方向应力云图

−130m水平布置6个传感器，如图6-24~图6-26所示。

6.2.2.3 监测硐室布置

根据现场踏勘，利用 −130m 水平的探矿巷道作为监测硐室，按施工要求对

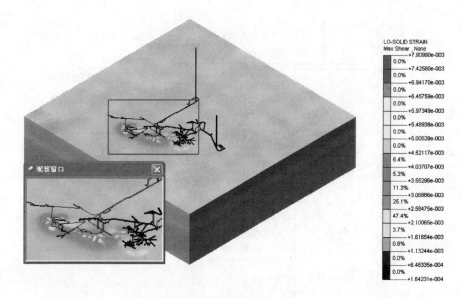

图 6-23 最大剪切应变云图

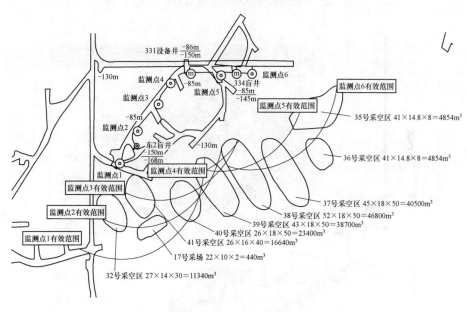

图 6-24 −85m 水平测点布置与监测范围图

其进行改造，高 2.5m（要求其底板比相邻巷道底板高 30cm），断面宽度 3m，长度 5m，用砖墙隔开并设门窗，如图 6-27 所示。

6.2.2.4 传感器钻孔

根据施工方案和现场的标记进行打孔（孔要求为水平孔，$\phi = 60\text{mm}$，孔深根

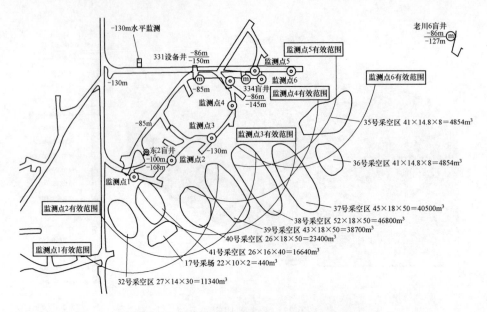

图 6-25 −130m 水平测点布置与监测范围图

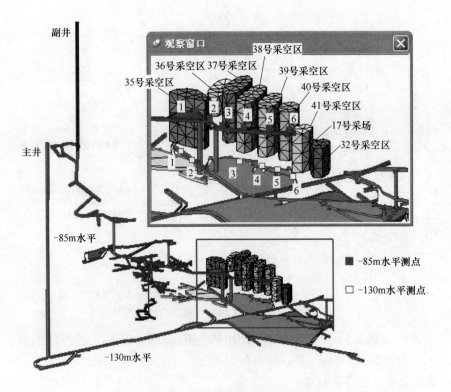

图 6-26 监测点布置三维示意图

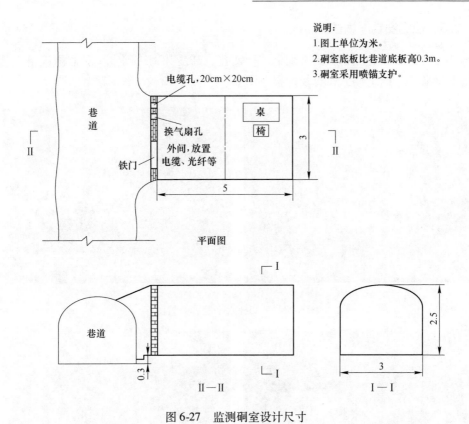

图 6-27 监测硐室设计尺寸

据每个孔的位置要求在 3 ~ 10m，$\phi = 40mm$ 的孔深为 2.5m，孔要求清渣）和开凿监测硐室（要求其底板比相邻巷道底板高 30cm）。

6.2.2.5 布线

井下线缆靠近巷道壁悬挂敷设，敷设高度适宜，易于以后维修更换。水平巷道内的线缆悬挂点间距为 3.0 ~ 5.0m，传感器安装处视现场环境预留一定长度的线缆。井上根据现场实际情况采用架空方式。各种线缆避免靠近电力电缆敷设，如遇到电力电缆、架空线与传感器电缆交叉的地方，交叉处应另外加屏蔽措施和防护电火花装置，并保证传感器电缆、光缆在架空线上方经过。避免过往行人、矿车的剐蹭，减小爆破作业等活动对线缆的破坏影响。线缆穿过风门、硐室部分时，每条线缆用塑料管或垫皮保护。巷道内的线缆每隔一定距离和在巷道岔口处悬挂标志牌，视现场情况而定。不可将电缆悬挂在风、水管上，线缆应敷设在管子的上方，与其净距不小于 300mm。监测设备硐室内电力电缆的敷设应根据现场具体布置位置确定。线缆连接处，最好采用焊接，再外加包扎，如无焊接条件，可采用手工连接牢固，并用绝缘胶带包扎。现场安装的时候，应该注意各种线缆和转换设备的连接对应关系和连接注意事项等。

6.2.3 现场安装与调试

按照施工方案各测点要求逐个进行钻孔、开凿和砌筑硐室，对监测设备进行安装和调试。具体施工和安装过程见图6-28～图6-32。

图6-28 −85m水平测点布置图

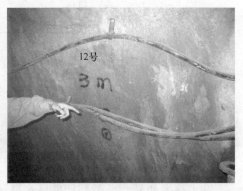

图6-29 −130m水平测点布置图

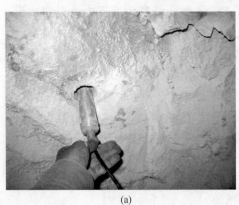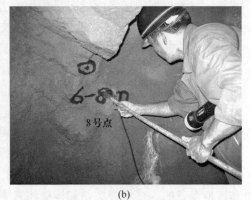

(a)   (b)

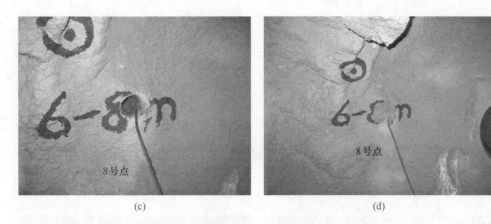

图 6-30　测点传感器安装过程图

（a）放置探头；（b）探头送至孔底；（c）整理探头测线；（d）封堵钻孔

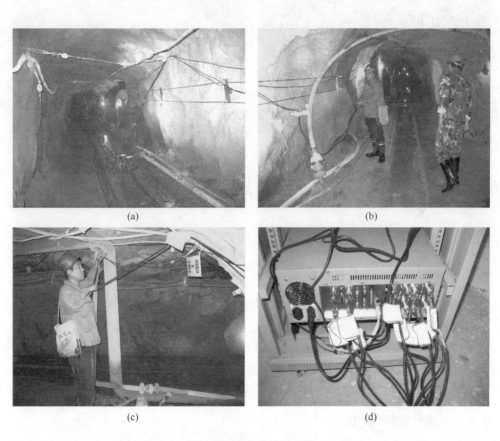

图 6-31　现场布线过程图

（a）～（c）绑扎测线；（d）测线与主机连接

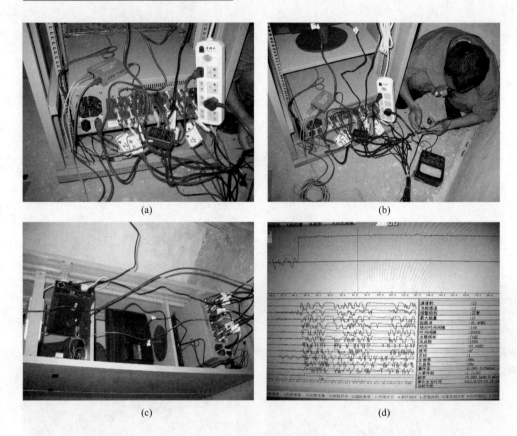

图 6-32 设备现场调试图

(a)，(b) 检查线路；(c) 线路连接完成；(d) 调试数据

6.3 声发射监测与数据分析

6.3.1 声发射监测基础参数设定

声发射监测系统的运行效果与系统基础参数的准确性有密切关系。基础参数主要包括低通截止频率、高通截止频率、触发电平、事件率、能率等，通过对取自典型矿山的采空区围岩试样进行室内声发射试验并结合同类型矿山使用此系统的经验确定系统基础参数。依据第二章岩石试件声发射试验和物理相似试验结论对系统参数进行设置，监测系统主界面和参数设置窗口如图 6-33 和图 6-34 所示。

6.3.2 波形数据库建立

通过对该声发射监测系统长期正常运行结果的统计，结合监测点周围生产活动情况，总结出了各种典型事件的波形参数（见表 6-2）和波形数据库（见图

图 6-33　系统软件主窗口

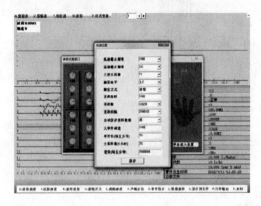

图 6-34　参数设置窗口

6-35）。利用这些波形数据，可以随时了解井下监测点附近活动情况，掌握井下工人的工作状况。

表 6-2　典型事件波形参数

信号类型	衰减情况	频率分布/Hz	能量分布/J
采矿爆破	快	10～300	60～128
大块矿石爆破	快	20～180	100～128
机械振动	较快	100～150	80～110
打　钻	较快	20～70	120～128
低频干扰	快	1～50	1～100
岩石破裂	较慢	200～800	1～128
放矿机放矿	较慢	100～300	100～128
人工破碎大块矿石	较慢	20～40	100～120

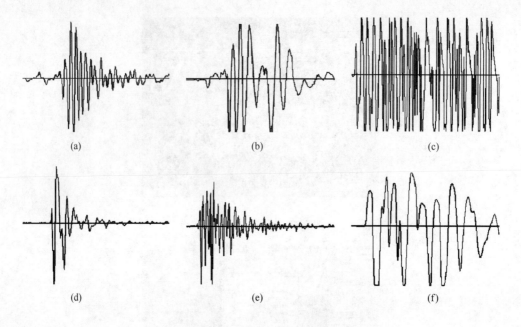

图 6-35　典型事件波形数据库

(a) 岩石声发射波形；(b) 打钻波形；(c) 采矿爆破波形；
(d) 人工破碎大块矿石波形；(e) 放矿机放矿波形；(f) 敲击波形

6.3.3　典型波形分析

通过整理分析监测数据发现，一些波形有规律地在某段时间内或只在某些通道出现，因此，需要确定这些波形的产生原因，判断是否与岩石声发射存在关系，为分析采空区稳定性提供依据。各种典型波形如图 6-36 ~ 图 6-41 所示，分析结果如下。

图 6-36 中 1 ~ 8 号通道没有波形，9 ~ 12 号通道出现低频小能量波形，数目极少，说明此时 12 个测点附近没有岩石声发射事件，空区周围的岩石处于稳定状态，地压活动不明显，未发生开裂、断裂现象。

图 6-37 中 12 个通道同时监测到声发射事件，这些事件呈现衰减快、频率小、能量大的特点，持续时间不长，事件率达到每 5min 3 次，频率 100Hz 以下，能量分布在 60 ~ 128，该波形属于低频波形，不符合岩石变形破坏发生的声发射波形特征，且发生时间为凌晨 4 点左右，处于井下爆破采矿时间段，因此可以确定此波形为井下爆破波形，对采空区的稳定性影响不大。

图 6-38 显示只有 6 号通道监测到波形，事件发生在上午 10 点左右（采场爆破刚刚完成后），主要频率为 185Hz，能量为 56，持续时间短，事件少，属于岩

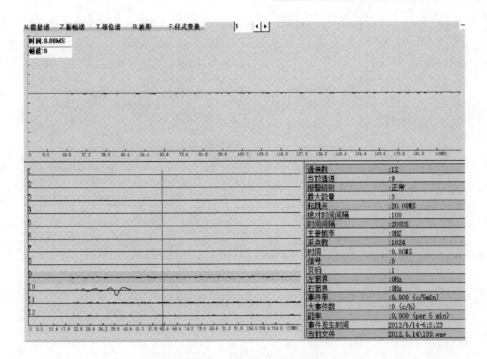

图 6-36　2012 年 6 月 14 日 109 号波形

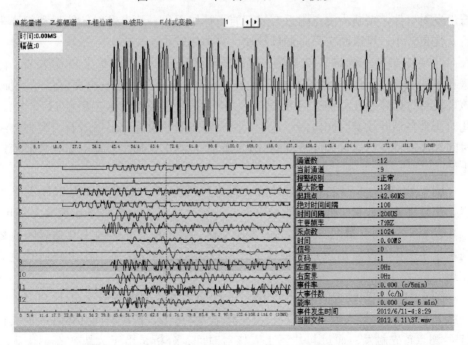

图 6-37　2012 年 6 月 11 日 37 号波形

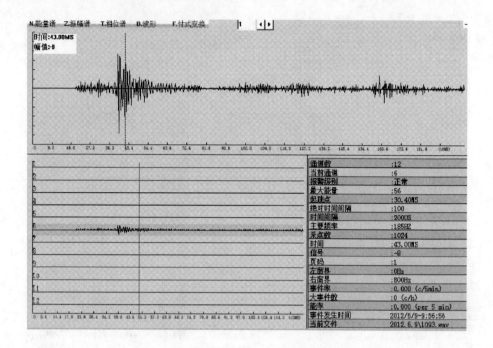

图6-38 2012年6月9日1093号波形

石声发射事件。判断为测点附近有局部岩石掉块现象，从声发射的能量和频率来看，能量较小，可以断定只是局部掉块，且掉块较小。

图6-39中5、6、11、12号测点同时监测到波形，发生在9点11分左右，能量在100~128之间，主要频率较大为333Hz，属于典型的岩石声发射信号特征，该声发射过程持续几分钟之后波形消失。声发射过程持续发生在9点11分左右，此时正处在溜井放矿时间段内，这4个测点距离溜井很近，根据岩石声发射持续时间和波形特征，通过和井下询问放矿时间，可确定此种波形是由溜井放矿而产生的。

图6-40中7、8号测点出现波形，最大能量为17，主要频率为26Hz，不是岩石声发射波形，属于低频小能量事件，持续时间很长，频率能量基本无变化。调查发现7、8测点附近两台水泵一直在工作，噪声很大，周围无其他影响且之前水泵不工作时没有出现过类似波形，所以判断此为受水泵工作影响而产生的波形。

图6-41中相距较近的9、10、11、12四个测点监测到波形（11号测点处有一震动放矿机），最大能量为127，主要频率为278Hz，持续时间几秒钟后消失且11号测点首先触发，通过与井下工人核对时间，分析是由于大块矿石不便于装车而在11号测点附近对其进行爆破而产生的波形。

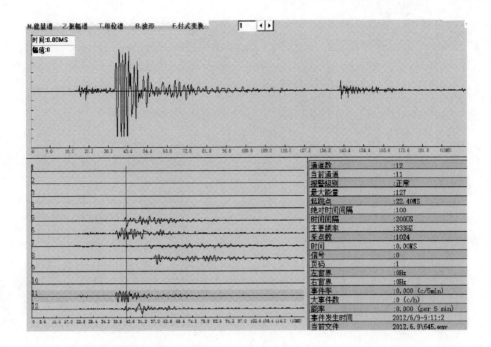

图 6-39 2012 年 6 月 9 日 645 号波形

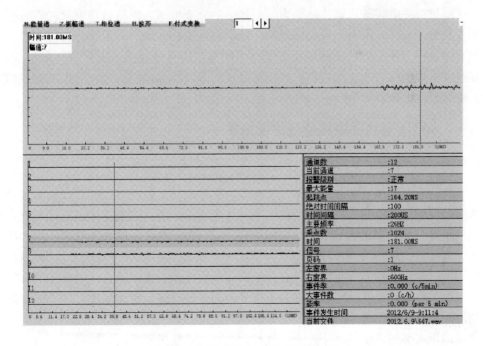

图 6-40 2012 年 6 月 9 日 647 号波形

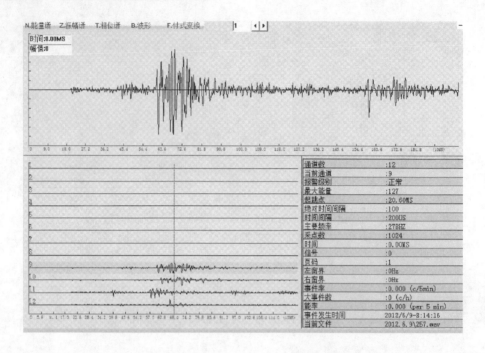

图 6-41 2012 年 6 月 9 日 257 号波形

通过对采空区地压监测典型声发射数据的分析可知，岩石破坏引起的声发射事件较少，事件率没有出现突增现象，能率也处于较低水平，通过分析得知大多数事件是由于采矿活动或周边设备干扰引起的，岩石破坏的声发射事件数很少，经过井下现场的调查，围岩和矿柱没有出现大的开裂和掉块现象，可以断定目前采空区稳定性较好。

6.4 采空区安全等级划分与预报预警

6.4.1 采空区安全等级划分

自然界的岩体结构非常复杂，其涉及的工程地质条件及岩体性质参数不仅是多变的而且是随机的，用确定的模型描述是非常困难的，特别是矿山开采的地压问题更是一个动态的过程，它与矿山开采的工程活动密切相关。以往所用的线性、连续的、可微的经典理论与实际情况相差甚远，不能对一些现象进行解释。事实上，地压活动的发生既不符合严格的周期性规律，也不符合均匀分布的随机性规律。一个地压活动区，应视为条件复杂的开放系统，它与周围环境不断交换物质和能量，它们之间存在相互联系的制约关系。

地压灾害的发生是一个复杂的过程。这种复杂性主要是由岩体赋存环境、工程地质条件、矿山开采力学效应等因素引起的，并且随时间变化表现出显著的非线性和不确定性。研究岩体变形非稳定性问题，是为了能够及时地对这种非稳定性问题做出预警，便于及时采取积极有效措施，保障矿山的安全生产。

基于以上的分析，由于地压灾害的复杂性，从目前的技术发展水平，利用现有的地压观测手段还很难对地压灾害发生的时间作出准确的预报。为此，提出了一种基于声发射监测的采空区安全分级方法。虽然采空区声发射特征会由于所处的地质条件的不同产生一些差异，但是，这些参数综合反映了岩体在变形破坏过程中的一个实际情况。所以，综合考虑这些指标，制定一个采空区安全评价体系，能更好地体现采空区围岩在力场中的变形破坏特征。参考声发射参数单指标所处地位各异的特点，在声发射参数多指标分级方法中，主要考虑三个分级指标，即声发射事件率 C（次/min）、高能事件率的比率 E（%）以及 m 值（声发射振幅分布系数）的大小，采用评分方法进行安全等级划分。同时，根据测点所处工程地质条件的不同，对各参数的评分取不同的权值，见表6-3。

表6-3　采空区安全等级划分标准

评价因素	评价指标	安 全 等 级		
		I 级	II 级	III 级
C/次·min^{-1}	数　值	<5	5 ~ 10	>10
	评分标准（有断层）	25	17	7
	评分标准（无断层）	45	33	13
E/%	数　值	<30	30 ~ 35	>35
	评分标准（有断层）	45	33	13
	评分标准（无断层）	25	17	7
m	数　值	>3.8	3.2 ~ 3.8	<3.2
	评分标准	30	20	10
总　分	数　值	71 ~ 100	31 ~ 70	0 ~ 30

矿岩从稳定到破坏，可分为三个发展阶段，即稳定阶段、破坏发展阶段及危险阶段，相应地，将采空区安全等级划分为三级：

I 级：采空区处于相对安全状态。

II 级：中等安全，岩体开始产生破裂，节理裂隙扩展，并有可能发展为岩体冒落。

III 级：不安全状态，破坏现象加剧，随时有可能产生冒顶、片帮。

6.4.2　预报预警

基于矿山建立的声发射在线监测系统，对采空区地压活动进行全天候监测，构建矿山岩石破坏过程声发射波形特征数据库，总结岩石破坏过程的声发射参数信息特征，形成预报预警制度。

(1) 声发射监测系统24h全天候监测，每天整理1次监测数据，发现监测数据异常时，注意观测数据变化，结合波型数据库分析变化原因，对空区地压引起的数据变化及时汇报。每月对地压活动区的监测情况进行1~2次分析总结，结合采空区安全等级划分标准，判断当前采空区稳定性状况。

(2) 定期进行现场勘查，当监测数据出现异常时，需要及时进行现场查看，发现有"岩音"现象，频率由低向高增大，巷道及采场出现掉块，应及时汇报并通知井下人员撤出。

地压监测人员若发现以下地压活动时，应立即向主管领导和有关部门汇报，以便及时采取措施。

1) 当监测到"岩音"事件率平均达到3次/min，局部时段达到5次/min以上，周边巷道存在明显的新开或旧裂隙扩展，或发现空区顶板大、小能量事件率平均达到2次/min，局部时段声发射总数达到5次/min以上，大能量声发射事件率连续5min达到5次/min（即每5min 25次）以上，应提出该区域安全警戒。

2) 若发现监测数据前3d平均事件率有明显的上升趋势，测点周边无爆破作业，仪器系统监测到多测点事件多为声发射大能量事件，各测点同时监测到的声发射事件很多，局部时段声发射大能量事件率连续5min平均达到5次/min（即每5min 25次）以上，可确认为地压活动异常，应立即作以下汇报处理：

① 单测点异常，声发射事件多为小能量事件，相邻测点无异常时，向调度室和安全部门汇报。

② 多测点异常，声发射事件多为小能量事件，各测点同时触发的事件很少时，立即向主管领导、安全部门和调度室汇报。

③ 多测点异常，局部时段事件率连续10min平均达到2.5次/min（即每10min 25次），声发射事件多为大能量事件，各测点同时触发的事件很多，立即向矿长、主管领导、安全部门和调度室汇报，并估计活动范围和进行现场撤离。

参 考 文 献

[1] 张海波，宋卫东. 金属矿山采空区稳定性分析与治理 [M]. 北京：冶金工业出版社，2014.

[2] 胡家国，马海涛. 铁矿采空区处理方案研究 [J]. 中国安全生产科学技术，2010，6(5)：67~70.

[3] 赵金刚，孙忠弟，张志沛. 浅析多层采空区的塌陷机理及发展因素 [J]. 地下水，2010，32(2)：158~161.

[4] Gao Feng, Zhou Keping, Dong Weijun. Similar material simulation of time series system for induced caving of roof in continuous mining under back fill [J]. Journal of Central South University of Technology, 2008, 15(3): 356~360.

[5] 吴兆营，薄景山，杜国林. 采空区对地表稳定性的影响 [J]. 自然灾害学报，2014，13(2)：140~144.

[6] 国家安全生产监督管理局，国家煤矿安全监察局，国家安全生产科技发展规划非煤矿山领域研究报告（2004~2010）[R]，2003.

[7] 卢宏建，赵永双，高锋，等. 铁矿床滞留采空区充填治理顺序优化方法 [J]. 金属矿山，2014(7)：12~16.

[8] 付建新，宋卫东，杜建华. 金属矿山采空区群形成过程中围岩扰动规律研究 [J]. 岩土力学，2013，28(S)：508~515.

[9] 张敏思，朱万成，侯召松. 空区顶板安全厚度和临界跨度确定的数值模拟 [J]. 采矿与安全工程学报，2012，29(4)：543~548.

[10] 郭力，何朋立. 采空区充填效果的随机规律研究 [J]. 金属矿山，2013(4)：36~39.

[11] 王德胜，周庆忠，陈旭臣. 浅埋特大采空区探测、稳定性分析及处置的实例研究 [J]. 岩石力学与工程学报，2012，9(S2)：3882~3888.

[12] Li Shibo, Lu Hongjian. Application of Weibull distribution in calculating ground deformation [J]. Applied Mechanics and Materials, 2013, 256/259: 15~18.

[13] 褚军凯，霍俊发，张碧踪. 符山铁矿尾矿库民采空区治理技术研究 [J]. 金属矿山，2011(5)：12~17.

[14] 杨彪，罗周全，刘晓明. 基于有限元分析的复杂采空区群危险度分级 [J]. 矿业工程研究，2010，25(1)：4~8.

[15] Lu Hongjian, Yan Shuhui, Pan Guihao. Stability comprehensive analysis model of iron deposit retained goaf [J]. Applied Mechanics and Materials, 2013, 256/259: 2688~2691.

[16] 罗周全，刘晓明，吴亚斌，等. 基于 Surpac 和 Phase^2 耦合的采空区稳定性模拟分析 [J]. 辽宁工程技术大学学报（自然科学版），2008，27(4)：485~488.

[17] 刘敦文，徐国元，黄仁东. 金属矿采空区探测新技术 [J]. 中国矿业，2000，9(4)：34~37.

[18] 刘晓明，罗周全，杨承祥，等. 基于实测的采空区稳定性数值模拟分析 [J]. 岩土力学，2008，28(S)：521~526.

[19] 张艳丽. 大型地下工程三维可加载物理模拟实验方法研究 [D]. 西安科技大学，2009.

[20] 杨晓雨, 郭保华, 李振兴. 物理模拟相似材料配比的正交试验研究[J]. 煤矿现代化, 2014(4): 62~65.

[21] 李晓红, 卢义玉, 康勇, 等. 岩石力学实验模拟技术[M]. 北京: 科学出版社, 2006.

[22] 韩伯鲤, 陈霞龄, 宋一乐, 等. 岩体相似材料的研究[J]. 武汉水利电力大学学报, 1997, 30(2): 6~9.

[23] 李勇, 朱维申, 王汉鹏, 等. 新型岩土相似材料的力学试验研究及应用[J]. 隧道建设, 2007(8): 197~200.

[24] 张宁, 李术才, 李明田, 等. 新型岩石相似材料的研制[J]. 山东大学学报, 2009, 39 (4): 149~154.

[25] 张强勇, 李术才, 郭小红, 等. 铁晶砂胶结新型岩土相似材料的研制及其应用[J]. 岩 土力学, 2009, 29(8): 2126~2130.

[26] 董金玉, 杨继红, 杨国香, 等. 基于正交设计的模型试验相似材料的配比试验研究[J]. 煤炭学报, 2012, 37(1): 44~49.

[27] 李宝富, 任永康, 齐利伟, 等. 煤岩体的低强度相似材料正交配比试验研究[J]. 煤炭 工程, 2011(4): 93~95.

[28] 苏伟, 冷伍明, 雷金山, 等. 岩体相似材料试验研究[J]. 土工基础, 2008, 22(5): 73~75.

[29] 彭海明, 彭振斌, 韩金田, 等. 岩性相似材料研究[J]. 广东土木与建筑, 2002(12): 13~15.

[30] 左保成, 陈从新, 刘才华, 等. 相似材料试验研究[J]. 岩土力学, 2004, 25(11): 1805~1808.

[31] 史小萌, 刘保国, 肖杰. 水泥和石膏胶结相似材料配比的确定方法[J]. 岩土力学, 2015, 36(5): 1357~1362.

[32] 张强勇, 李术才, 郭小红, 等. 铁晶砂胶结新型岩土相似材料的研制及其应用[J]. 岩 土力学, 2008, 29(8): 2126~2130.

[33] 马芳平, 李仲奎, 罗光福. NIOS 模型材料及其在地质力学相似模型试验中的应用[J]. 水力发电学报, 2004, 23(1): 48~51.

[34] 卢宏建, 梁鹏, 甘德清, 等. 采场充填体单轴压缩变形及声发射特征[J]. 矿业研究与 开发, 2017, 37(1): 74~77.

[35] 白占平, 曹兰柱. 相似材料配比的正交试验研究[J]. 露天采煤技术, 1996(3): 22~23.

[36] 董金玉, 杨继红, 杨国香, 等. 基于正交设计的模型试验相似材料的配比试验研究[J]. 煤炭学报, 2012, 37(1): 44~49.

[37] 彭海明, 彭振斌, 韩金田, 等. 岩性相似材料研究[J]. 广东土木与建筑, 2002, 12 (12): 13~17.

[38] Hendron A J, Paul Engeling, Aiyer A K, et al. Geomechanical model study of the behavior of underground openings in rock subjected to static loads(report 3) —tests on lined openings in jointed and intact rock [R]. AD Report, 1972.

[39] Heuer R E, Hendron A J. Geomechanical model study of the behavior of underground openings

in rock subjected to static loads(report 2) —tests on unlined openings in intact rock ［R］. AD Report, 1971.

［40］ Nagai Tetsuo, Kunimura, Sun J. Behaviour of joined rock masses around an underground opening under excavation using large-scale physical model tests［J］. In: Proceedings of the Symposium on Rock Mechanics［C］. Wuhan, China: ［s. n.］, 1996: 116～120.

［41］ Kim S H, Burd H J. Model testing of closely spaced tunnels in clay［J］. Geotechnique, 1998, 48(3): 375～388.

［42］ Brachman R W I, Moore I D, Rowe R K. The performance of a laboratory facility for evaluating the structural response of small-diamer buried pipes［J］. Canadian Geotechnical Journal, 2001, 38(2): 260～275.

［43］ 石平五, 来兴平, 伍永平. 复合岩体支护巷道破坏规律的试验系统研制与应用［J］. 北京科技大学学报, 2002, 24(3): 231～234.

［44］ 张子飞, 李立波, 来兴平. 复杂破碎围岩状态下大断面巷道稳定性综合分析［J］. 西安科技大学学报, 2008, 28(4): 629～633.

［45］ 卢宏建, 李佳慧, 董小义, 等. 铁矿床滞留采空区充填治理效果分析［J］. 金属矿山, 2014(8): 134～138.

［46］ 付建新, 宋卫东, 杜建华. 金属矿山采空区群形成过程中围岩扰动规律研究［J］. 岩土力学, 2013, 34(S1): 508～515.

［47］ 费鸿禄, 杨卫风, 张国辉, 等. 金属矿山矿柱回采时爆破荷载下采空区的围岩稳定性［J］. 爆炸与冲击, 2013, 33(4): 344～350.

［48］ 杨彪, 罗周全, 刘晓明. 基于有限元分析的复杂采空区群危险度分级［J］. 矿业工程研究, 2010, 25(1): 4～8.

［49］ 刘敦文, 徐国元, 黄仁东. 金属矿采空区探测新技术［J］. 中国矿业, 2000, 9(4): 34～37.

［50］ 王德胜, 周庆忠, 陈旭臣, 等. 浅埋特大采空区探测、稳定性分析及处置的实例研究［J］. 岩石力学与工程学报, 2012, 9(S2): 3882～3888.

［51］ 刘晓明, 罗周全, 杨承祥, 等. 基于实测的采空区稳定性数值模拟分析［J］. 岩土力学, 2008, 28(S): 521～526.

［52］ 寇向宇, 贾明涛, 王李管, 等. 基于 CMS 及 DIMINE – FLAC3D 耦合技术的采空区稳定性分析与评价［J］. 矿业工程研究, 2010, 25(1): 31～35.

［53］ 卢宏建, 甘德清. 铁矿床滞留采空区稳定性综合分析模型［J］. 金属矿山, 2013(3): 62～65.

［54］ 胡家国, 马海涛. 铁矿采空区处理方案研究［J］. 中国安全生产科学技术, 2010, 6(5): 67～70.

［55］ 吴兆营, 薄景山, 杜国林. 采空区对地表稳定性的影响［J］. 自然灾害学报, 2004, 13(2): 140～144.

［56］ 孙占法. 荷载作用下老采空区"三带"变形规律的数值模拟研究［J］. 华北科技学院学报, 2010, 7(3): 17～22.

［57］ Hu Jianhua, Zhou Keping, Li Xibing, et al. Numerical analysis of application for induction caving roof[J]. Journal of Central South University of Technology, 2005, 12(S1): 146~149.

[58] 刘保卫. 采场上覆岩层"三带"高度与岩性的关系[J]. 煤炭技术, 2009, 28(8): 56~58.

[59] 赵世成, 郭忠林. 三带理论在地下开采中对露天矿边坡稳定性的影响[J]. 矿业工程, 2010, 6(5): 67~70.

[60] 王清来, 许振华, 朱利平. 复杂采空区条件下残矿回收与采区稳定性的有限元数值模拟研究[J]. 金属矿山, 2010(7): 37~40.

[61] 付建新, 宋卫东, 杜建华. 金属矿山采空区群形成过程中围岩扰动规律研究[J]. 岩土力学, 2013, 34(S1): 508~515.

[62] 姜立春, 曾俊佳, 贾晓川. 水平采空区群动态失稳演化过程及工程控制[J]. 辽宁工程技术大学学报(自然科学版), 2016, 35(8): 821~825.

[63] 熊立新, 罗周全, 谢承煜, 等. 采空区群失稳模型构建及隔离矿柱安全厚度研究[J]. 金属矿山, 2015, 8: 48~52.

[64] 姜耀东, 杨英明, 马振乾, 等. 大面积巷式采空区覆岩破坏机理及上行开采可行性分析[J]. 煤炭学报, 2016, 41(4): 801~807.

[65] 李浪, 王明洋, 范鹏贤, 等. 深地下工程模型试验加卸载装置的研制[J]. 岩土力学, 2016, 37(1): 297~304.

[66] 王红伟, 伍永平, 曹沛沛, 等. 大倾角煤层开采大型三维可加载相似模拟试验[J]. 煤炭学报, 2015, 40(7): 1505~1511.

[67] 叶义成, 施耀斌, 王其虎, 等. 缓倾斜多层矿床充填法开采围岩变形及回采顺序试验研究[J]. 采矿与安全工程学报, 2015, 3: 407~413.

[68] 付宝杰, 涂敏. 重复采动影响下采场底板隔水层裂隙演化规律试验研究[J]. 采矿与安全工程学报, 2015, 32(1): 54~58.

[69] 徐文彬, 潘卫东, 刘辉. 动态扰动诱发嗣后充填采场灾变事故分析[J]. 采矿与安全工程学报, 2015, 1: 65~72.

[70] 来兴平, 孙欢, 单鹏飞, 等. 急倾斜坚硬岩柱动态破裂"声—热"演化特征试验[J]. 岩石力学与工程学报, 2015, 34(11): 2285~2292.

[71] 彭国喜. 西南山区"关键块体"控制型滑坡的形成条件与失稳机理研究 [D]. 成都理工大学, 2011.

[72] 李铁, 刘诗杰, 马海涛, 等. 采空区顶板流变破断发展及灾变时间[J]. 中国有色金属学报, 2016, 26(3): 666~672.

[73] 习心宏, 冯夏庭, 于培言, 等. 空场采矿法采场顶板破坏模式识别专家系统[J]. 中国有色金属学报, 2001, 11(1): 157~161.

[74] 史红, 姜福兴. 采场上覆大厚度坚硬岩层破断规律的力学分析[J]. 岩石力学与工程学报, 2004, 23(18): 3066~3069.

[75] Hu Jianhua, Lei Tao, Zhou Keping, et al. Mechanical response of roof rock mass unloading during continuous mining process in underground mine[J]. Transactions of Nonferrous Metals Society of China, 2011, 21(12): 2727~2733.

[76] 孙琦, 魏晓刚, 卫星, 等. 采空区矿柱流变特性对露天矿边坡稳定性的影响研究[J].

中国安全科学学报, 2014(8): 85~91.

[77] 于跟波, 杨鹏, 陈赞成. 缓倾斜薄矿体矿柱回采采场围岩稳定性研究[J]. 煤炭学报, 2013(S2): 294~298.

[78] 李大钟. 空场法采空区稳定性及安全评价研究 [D]. 北京: 北京科技大学, 2009.

[79] 张向阳, 任启寒, 涂敏, 等. 潘一东矿近距离煤层上行开采围岩裂隙演化规律模拟研究 [J]. 采矿与安全工程学报, 2016, 32(2): 191~198.

[80] 程志恒, 齐庆新, 李宏艳, 等. 近距离煤层群叠加开采采动应力-裂隙动态演化特征实验研究[J]. 煤炭学报, 2016, 41(2): 367~375.

[81] 刘长友, 杨敬轩, 于斌, 等. 多采空区下坚硬厚层破断顶板群结构的失稳规律[J]. 煤炭学报, 2014, 39(3): 395~403.

[82] 蔡美峰, 来兴平. 岩石基复合材料支护采空区动力失稳声发射特征统计分析[J]. 岩土工程学报, 2003, 22(1): 51~54.

[83] Cai Meifeng, Lai Xingping. Monitoring and analysis of nonlinear dynamic damage of transport roadway supported by composite hard rock materials in linglong gold mine[J]. Journal of University of Science and Technology Beijing, 2002, 10(2): 77~81.

[84] 任奋华, 蔡美峰, 来兴平. 采空区覆岩破坏高度监测分析[J]. 北京科技大学学报, 2004, 26(2): 115~117.

[85] 徐必根, 王春来, 唐绍辉, 等. 特大采空区处理及监测方案设计研究[J]. 中国安全科学学报, 2007, 17(12): 148~151.

[86] 尹彦波. 采空区稳定性监测预警新技术研究与应用[J]. 采矿技术, 2008, 8(5): 33~37.

[87] 卢宏建, 梁鹏, 李嘉惠. 动态扰动下硬岩矿柱应力演化与地表沉降规律[J]. 金属矿山, 2015, 44(7): 6~10.

[88] 马海涛. 矿山采空区灾害风险分级与失稳预警方法 [D]. 北京: 北京科技大学, 2015.

[89] 郑怀昌, 宋存义, 胡龙. 采空区顶板大面积冒落诱发冲击气浪模拟[J]. 北京科技大学学报, 2010, 32(3): 277~281.

[90] 卢宏建, 甘德清, 闫淑慧. 薄矿脉、低分段矿床残矿回采关键技术探讨[J]. 化工矿物与加工, 2013, 1: 35~37.

[91] 甘德清, 卢宏建. 揭盖回填法处理民采浅埋薄矿体滞留空区研究[J]. 金属矿山, 2012, 2: 25~26.

[92] 赵金刚, 孙忠弟, 张志沛. 浅析多层采空区的塌陷机理及发展因素[J]. 地下水, 2010, 32(2): 158~161.

[93] Gao Feng, Zhou Keping, Dong Weijun. Similar material simulation of time series system for induced caving of roof in continuous mining under back fill[J]. Journal of Central South University of Technology, 2008, 15(3): 356~360.

[94] 吴兆营, 薄景山, 杜国林. 采空区对地表稳定性的影响[J]. 自然灾害学报, 2004, 13(2): 140~144.

[95] 国家安全生产监督管理局, 国家煤矿安全监察局, 国家安全生产科技发展规划非煤矿山领域研究报告(2004~2010) [R], 2003.

[96] 高明忠, 金文城, 郑长江, 等. 采动裂隙网络实时演化及连通性特征[J]. 煤炭学报, 2012, 37(9): 1535~1540.

[97] 林海飞, 李树刚, 成连华, 等. 覆岩采动裂隙带动态演化模型的实验分析[J]. 采矿与安全工程学报, 2011, 28(2): 298~303.

[98] Yang T H, Liu J S, Tang C A. A coupled flow-stress-damage model for groundwater outbursts from an underlying aquifer into mining excavations[J]. International Journal of Rock Mechanics and Mining Sciences, 2007, 44(1): 87~97.

[99] 王悦汉, 邓喀中, 吴侃. 采动岩体动态力学模型[J]. 岩石力学与工程学报, 2003, 22(3): 352~357.

[100] 黄汉富, 闫志刚, 姚邦华, 等. 万利矿区煤层群开采覆岩裂隙发育规律研究[J]. 岩石力学与工程学报, 2012, 29(5): 619~624.

[101] 彭永伟, 齐庆新, 汪有刚, 等. 煤体采动裂隙现场实测及其应用研究[J]. 岩石力学与工程学报, 2010, 29(S2): 4188~4193.

[102] 王金安, 李大钟, 尚新春. 采空区坚硬顶板流变破断力学分析[J]. 北京科技大学学报, 2011, 2(33): 142~148.

[103] 张耀平, 曹平. 复杂采空区稳定性数值模拟分析[J]. 采矿与安全工程学报, 2010, 27(2): 233~238.

[104] 王德胜, 周庆忠, 陈旭臣, 等. 浅埋特大采空区探测、稳定性分析及处置的实例研究[J]. 岩石力学与工程学报, 2012, 31(S2): 3778~3882.

[105] Lv Shuran, Lv Shujin. Research on governance of potential safety hazard in Da'an mine goaf[J]. Procedia Engineering, 2011, 26: 351~356.

[106] Wang J A, Shang X C, Ma H T. Investigation of catastrophic ground collapse in Xingtai gypsum mines in China[J]. International Journal of Rock Mechanics & Mining Sciences, 2008(45): 1480~1499.

[107] 郑超, 杨天鸿, 于庆磊, 等. 基于微震监测的矿山开挖扰动岩体稳定性评价[J]. 煤炭学报, 2012, 37(S2): 280~286.

[108] Hirata A, Kameoka Y, Hirano T. Safety management based on detection of possible rock bursts by AE monitoring during tunnel excavation[J]. Rock Mechanics and Rock Engineering, 2007, 40(6): 563~576.

[109] 刘建坡, 徐世达, 李元辉, 等. 预制孔岩石破坏过程中的声发射时空演化特征研究[J]. 岩石力学与工程学报, 2012, 31(12): 2538~2547.

[110] 张成良, 杨绪祥, 李凤, 等. 大型采空区下持续开采空区稳定性研究[J]. 武汉理工大学学报, 2010, 32(8): 117~120.

[111] 林杭, 曹平, 李江腾, 等. 采空区临界安全顶板预测的厚度折减法[J]. 煤炭学报, 2009, 34(1): 53~57.

[112] 郑颖人, 肖强, 叶海林, 等. 地震隧洞稳定性分析探讨[J]. 岩石力学与工程学报, 2010, 29(6): 1081~1088.

[113] 王啟明, 徐必根. 我国金属非金属矿山采空区现状与治理对策分析[J]. 矿业研究与开发, 2009, 29(4): 63~68.

[114] 罗周全，张旭芳，刘晓明，等. 基于模糊模式识别的金属矿采空区危险性综合评价 [J]. 安全与环境学报，2010，10(3)：195～199.

[115] 唐硕，罗周全，徐海. 基于模糊物元的采空区稳定性评价研究[J]. 中国安全科学学报，2012，7(22)：24～27.

[116] Bhupinder S, Sudhir D, Sandeep J, et al. Use of fuzzy synthetic evaluation for assessment of groundwater quality for drinking usage: a case study of southern Haryana, India[J]. Environmental Geology, 2008, 54(2): 249～255.

[117] 吴殿廷，李东方. 层次分析法的不足及其改进的途径[J]. 北京师范大学学报(自然科学版)，2004，40(2)：265～267.

[118] 康钦容，唐建新，张卫中. 改进模糊层次分析法在滑坡治理方案优化中的应用[J]. 重庆大学学报，2010，33(9)：99～102.

[119] 周艳美，李伟华. 改进模糊层次分析法及其对任务方案的评价[J]. 计算机工程与应用，2008，44(5)：212～215.

[120] Wang Songlin, He Ji, Wu Qinglin. Flood regulation model of Douhe Reservoir based on fuzzy matter element[C]//Proc of 2011 International Conference on Environmental Science and Engineering. Washington DC: Information Engineering Research Institute, USA, 2011: 99～104.

[121] 李永，胡向红，乔箭. 改进的模糊层次分析法[J]. 西北大学学报(自然科学版)，2005，35(1)：11～16.

[122] 胡建华，尚俊龙. 基于 RSTOPSIS 法的地下工程岩体质量评价[J]. 中南大学学报(自然科学版)，2012，43(11)：4413～4417.

[123] 贾楠，罗周全，谢承煜，等. 基于改进 FAHP-复合模糊物元的地下金属矿山采空区危险性辨析[J]. 安全与环境学报，2013，13(3)：243～247.

[124] 吴亚斌. 基于 CMS 实测的采空区群稳定性数值模拟研究[D]. 长沙：中南大学，2007.

[125] 贾楠. 地下金属矿采空区稳定性辨析方法研究及应用[D]. 长沙：中南大学，2014.

[126] 卢宏建，梁鹏，甘德清，等. 动态扰动下硬岩矿柱损伤演化特征[J]. 矿业研究与开发，2016，36(2)：62～65.

[127] 卢宏建，梁鹏，卢小娜. 铁矿床物理模型相似材料正交配比试验[J]. 矿产保护与利用，2016，36(1)：30～34.

[128] 卢宏建，梁鹏，甘德清. 硬岩相似材料单轴压缩变形与声发射特征[J]. 矿业研究与开发，2016，36(4)：78～81.

[129] 卢宏建，梁鹏，顾乃满，等. 多次开挖扰动下采空区围岩应力演化数值模拟[J]. 矿产保护与利用，2016，36(6)：17～20.

[130] 卢宏建，李占金，陈超. 大型复杂滞留采空区稳定性监测方案研究[J]. 化工矿物与加工，2013，42(2)：28～32.

[131] 张洋，李占金，李示波. 声发射技术在地压监测中的应用[J]. 工矿自动化，2013，39(6)：10～12.

[132] 李示波，李占金，张洋. 声发射监测技术用于采空区地压灾害预测[J]. 金属矿山，2014(3)：152～155.

[133] 张洋，李占金，李示波. 某铁矿采空区地压监控及稳定性分析[J]. 金属矿山，2013
(3): 128~131.

[134] 张洋. 东河湾铁矿采空区地压灾害监测与预报技术研究[D]. 唐山：河北联合大
学，2014.

[135] 龙万学，林剑，许湘华，等. Verhulst反函数模型滑坡起始预测时刻的选择[J]. 岩石力
学与工程学报，2008，27(S1): 3298~3304.

[136] 尹彦波，李爱兵. 基于Verhulst反函数预测模型的柿竹园矿地压灾害预测预报[J]. 矿
业研究与开发，2007，27(6): 73~74.

冶金工业出版社部分图书推荐

书 名	作 者	定价(元)
现代金属矿床开采科学技术	古德生 等著	260.00
爆破手册	汪旭光 主编	180.00
采矿工程师手册(上、下册)	于润沧 主编	395.00
现代采矿手册(上、中、下册)	王运敏 主编	1000.00
我国金属矿山安全与环境科技发展前瞻研究	古德生 等著	45.00
深井开采岩爆灾害微震监测预警及控制技术	王春来 等著	29.00
露天矿山边坡和排土场灾害预警及控制技术	谢振华 著	38.00
尾砂固结排放技术	侯运炳 等著	59.00
煤矿巷道支护智能设计系统与工程应用	杨仁树 等著	79.00
地下金属矿山灾害防治技术	宋卫东 等著	75.00
粉碎试验技术	吴建明 编著	61.00
采矿工程专业英语	卢宏建 主编	30.00
矿井通风与防尘	王子云 主编	32.00
矿建辅助系统	杨立云 主编	36.00
煤矿顶板事故防治及案例分析	张嘉勇 主编	36.00
采矿学(第2版)(国规教材)	王 青 著	58.00
地质学(第5版)(国规教材)	徐九华 主编	48.00
工程爆破(第3版)(国规教材)	翁春林 等编	35.00
地下矿围岩压力分析与控制(本科教材)	杨宇江 主编	39.00
露天矿边坡稳定分析与控制(本科教材)	常来山 主编	30.00
高等硬岩采矿学(第2版)(本科教材)	杨 鹏 编著	32.00
矿山充填力学基础(第2版)(本科教材)	蔡嗣经 编著	30.00
固体物料分选学(第3版)(本科教材)	魏德洲 主编	60.00
金属矿床露天开采(本科教材)	陈晓青 主编	28.00
矿井通风与除尘(本科教材)	浑宝炬 等编	25.00
矿产资源综合利用(本科教材)	张 佶 主编	30.00
选矿厂设计(本科教材)	魏德洲 主编	40.00
矿产资源开发利用与规划(本科教材)	邢立亭 等编	40.00
复合矿与二次资源综合利用(本科教材)	孟繁明 编	36.00
碎矿与磨矿(第3版)(国规教材)	段希祥 主编	35.00
现代充填理论与技术(本科教材)	蔡嗣经 等编	26.00